普通高等教育"动画与数字媒体专业"规划教材

AutoCAD
建筑制图基础教程

周香凝 张黎红 编著

清华大学出版社

北京

内 容 简 介

本书主要讲述使用 AutoCAD 2014 绘制建筑图的基础知识和具体方法。全书由浅入深、循序渐进,从基本的知识点开始,通过一系列的实例讲解绘制建筑图所必需的基本知识。本书含有完整的建筑平面图、地面布置图、家具布置图、顶面图和立面图的绘制实例。

全书共分 11 章,第 1 章为 AutoCAD 2014 概述,第 2～3 章介绍二维绘图命令和二维图形编辑命令,第4～11 章介绍单线法和轴线法绘制的方法,并在绘制的平面图上完成后续的地面、家具、吊顶和立面的绘制。

本书体系完整,结构清晰,突出专业性、实用性和可操作性,非常适合作为普通高等教育"动画与数字媒体专业"的教材,也可作为职业学院、建筑行业从业人员和建筑专业学生学习 CAD 制图的参考用书。

图书在版编目(CIP)数据

AutoCAD 建筑制图基础教程/周香凝,张黎红编著. —北京:清华大学出版社,2018(2023.9重印)
(普通高等教育"动画与数字媒体专业"规划教材)
ISBN 978-7-302-49190-3

Ⅰ. ①A… Ⅱ. ①周… ②张… Ⅲ. ①建筑制图－计算机辅助－设计－AutoCAD 软件－高等学校－教材 Ⅳ. ①TU204

中国版本图书馆 CIP 数据核字(2017)第 327936 号

责任编辑:白立军 张爱华
封面设计:常雪影
责任校对:焦丽丽
责任印制:曹婉颖

出版发行:清华大学出版社
   网   址:http://www.tup.com.cn, http://www.wqbook.com
   地   址:北京清华大学学研大厦 A 座   邮   编:100084
   社 总 机:010-83470000   邮   购:010-62786544
   投稿与读者服务:010-62776969,c-service@tup.tsinghua.edu.cn
   质 量 反 馈:010-62772015,zhiliang@tup.tsinghua.edu.cn
   课 件 下 载:http://www.tup.com.cn,010-83470236
印 装 者:涿州市般润文化传播有限公司
经 销:全国新华书店
开 本:185mm×260mm   印 张:8.25   字 数:200 千字
版 次:2018 年 3 月第 1 版   印 次:2023 年 9 月第 4 次印刷
定 价:29.00 元

产品编号:065885-01

　　AutoCAD 是美国 Autodesk 公司出品的一款计算机辅助设计软件,可以用于二维制图和基本三维设计,通过它无须懂得编程,即可进行制图,所以它在全球广泛使用。AutoCAD 可以用于土木建筑、装饰装潢、工业制图、工程制图、电子工业、服装加工等多个领域。

　　利用 AutoCAD 绘制建筑图,不仅需要掌握绘图知识,而且需要掌握建筑制图的规范和要求,所以在本书的实例中,通过一个大实例贯穿了绘制建筑图样的基本过程,在制作过程中介绍了常用的命令和知识。通过学习本书,读者不但可以具有超强的专业性和实用性,而且可以了解行业规范,学会识图看图,在短期内就可以制图出图。

　　全书包括 11 章,各章的主要内容如下。

　　第 1 章主要介绍 AutoCAD 2014 的新增功能、启动方法、文件的管理、坐标和图层的使用,以及学好 AutoCAD 的方法和经验。

　　第 2 章通过实例介绍绘制基本二维图形的命令。

　　第 3 章主要介绍如何使用图形编辑命令对现有的二维图形进行修改,这样可以大大提高绘图的准确率,减少重复操作,提高绘图效率。

　　第 4 章主要介绍标注样式、标注的类型以及建筑规范的标注格式,并介绍美观、准确的标注的画法。

　　第 5 章介绍样板的作用和设置的方法,这样可以加快绘图的速度。

　　第 6 章介绍轴线法绘制的条件和方法,并以实例说明一个完整的轴线法平面图的绘制过程。

　　第 7 章介绍单线法绘制的条件和方法,并以实例说明一个完整的单线法平面图的绘制过程,此平面图将一直应用到后续几章。

　　第 8 章介绍图块的使用方法,并应用图块绘制家具布置图。

　　第 9 章介绍图案填充的使用方法,并绘制地面布置图。

　　第 10 章介绍吊顶的常用材料以及吊顶的作用,并设计和绘制吊顶图。

　　第 11 章介绍结合平面图和吊顶图绘制立面图的方法。

　　本书由周香凝、张黎红编著。其中,张黎红编写了第 1 章,周香凝编写了第 2～11 章。感谢所有对本教材提供素材的老师和同学们!

编　者

2017 年 9 月

前　言

Contents

AutoCAD 2014 概述

AutoCAD 是美国 Autodesk 公司开发的计算机辅助绘图软件,自 1982 年问世以来,先后经过十几次升级。AutoCAD 集平面制图、三维造型、数据库管理、渲染着色和互联网等功能于一体,具有高效、快捷、精确、简单、易用等特点,是工程设计人员首选的绘图软件之一。AutoCAD 主要应用于以下领域。

(1) 机械、建筑、电子、冶金、化工等设计制图。

(2) 城市规划设计。

(3) 室内设计与室内装潢设计。

(4) 各种效果图设计。

(5) 军事训练与战争模拟。

(6) 航空、航海图。

(7) 服装设计与裁剪。

(8) 舞台置景与剧院灯光设计。

(9) 印刷排版。

(10) 三维动画广告与影视特技。

(11) 数学函数与科学计算。

(12) 产品展示。

本章主要介绍 AutoCAD 2014 的新增功能、启动方法、文件管理、坐标和图层的使用,以及学好 AutoCAD 的方法和经验。

1.1 AutoCAD 2014 的新增功能

1. 绘图增强

AutoCAD 2014 包含大量的绘图增强功能,以帮助人们更高效地完成绘图。

(1) 圆弧:按住 Ctrl 键来切换到所要绘制的圆弧的方向,这样可以轻松地绘制不同方向的圆弧。

(2) 多段线:在 AutoCAD 2014 中,可以通过圆角来创建封闭的多段线。

(3) 图纸集:当在图纸集中创建新图纸时,保存在关联的模板(.dwt)中的 CreatDate 字段将显示新图纸的创建日期而非模板文件的创建日期。

(4) 打印样式:CONVERTPSTYLES 命令可以使用户能够切换当前图纸到命名的或颜色相关的打印样式。在 AutoCAD 2014 中,它增强到支持空间命名的样式。

(5) 属性：插入带属性的图块时，默认行为是显示对话框。ATTDIA 设置为 1。

(6) 文字：单行文字得到了增强，它将维持其最后一次的对齐设置，直到被改变。

(7) 标注：当创建连续标注或基线标注时，新的 DIMCONTINUEMODE 系统变量提供了更多的控制。当 DIMCONTINUEMODE 设置为 0 时，DIMCONTINUE 和 DIMBASELINE 命令是基于当前标注样式创建标注；而当其设置为 1 时，它们将基于所选择标注的标注样式创建标注。

(8) 图案填充：功能区的 Hatch 工具将维持之前的方法来对选定的对象进行图案填充，即拾取内部或选择对象。Undo 选项也被加入到命令行中。

2. 命令行增强

AutoCAD 2014 的命令行得到了增强，可以提供更智能、更高效的访问命令和系统变量。而且，用户可以使用命令行来找到其他内容，如阴影图案、可视化风格以及联网帮助等。命令行的颜色和透明度可以随意改变。它在不停靠的模式下很好使用，同时也做得更小。命令行半透明的历史提示可显示多达 50 行。

3. 自动更正

如果命令输入错误，不会再显示"未知命令"，而是会自动更正成最接近且有效的 AutoCAD 命令。例如，如果输入 TABEL，就会自动启动 TABLE 命令。

4. 自动完成

自动完成命令输入，增强到支持中间字符搜索。例如，如果在命令行中输入 SETTING，那么显示的命令建议列表中将包含任何带有 SETTING 字符的命令，而不是只显示以 SETTING 开始的命令。

5. 输入设置

右击命令行时，可以通过输入设置菜单中的控件来自定义命令行动作。除了可通过前面的选项来启用自动完成和搜索系统变量外，还可以启用自动更正，搜索内容和字符。所有这些选项默认是打开的。另一个右击选项提供了访问新的输入搜索选项对话框的功能。大部分新的命令行功能（包括自动更正、字符搜索和自动适配建议）也可以使用动态输入。

6. 文档编辑

AutoCAD 2014 提供了自动化管理和编辑工具，可以最大限度地减少重复的任务，加快项目的进度。

7. 图形选项卡

AutoCAD 2014 提供了图形选项卡，这使得在打开的图形间切换或创建新图形时非常方便。用户可以使用"视图"功能区中的"图形选项卡"控件来打开图形选项卡工具条。当图形选项卡打开后，在图形区域上方会显示所有已经打开的图形选项卡。

8. 图层管理器

在 AutoCAD 2014 中，显示功能区上的图层数量得到了增加。图层以自然排序显示。例如，图层名称是 1、4、25、6、21、2、10，那么 AutoCAD 2014 的排序是 1、2、4、6、10、21、25，而不是以前的 1、10、2、21、25、4、6。

在图层管理器上新增了合并选择功能,它可以从图层列表中选择一个或多个图层,并将在这些图层上的对象合并到另外的图层上去,而被合并的图层将会自动被清理。

9. 外部参照增强

在 AutoCAD 2014 中,外部参照图形的线型和图层的显示功能得到了增强。外部参照图层仍然会显示在功能区中,以便控制它们的可见性,但它们已不在属性选项板中显示。

可以通过双击“类型”列表改变外部参照的附着类型,在附着和覆盖之间切换。用户可以通过右键快捷菜单中的一个新选项在同一时间改变多个选择的外部参照类型。

外部参照选项板包含了一个新工具,它可轻松地将外部参照路径更改为“绝对”或“相对”路径;也可以完全删除路径。XREF 命令包含了一个 PATHTYPE 选项,可通过脚本来自动完成路径的改变。

1.2　如何快速掌握 AutoCAD 绘制室内图

计算机绘图和手工绘图的目的是一样的,都是为了将设计者的设计思想表达出来。所以,首先一定要了解并掌握室内制图的规范,这个是最基础的。其次,AutoCAD 是一个通用设计软件,具备全面的绘图功能,不要把精力和时间花费在一些用不着的功能上。要熟练掌握常用的基本功能和命令的用法。室内图形不论简单还是复杂,所用到的始终是一些基本命令,因此对基本命令一定要非常熟练,在绘图时才能快速地判断出什么时候该用什么命令。

为提高初学者的绘图效率,绘图时尽量使用工具栏和命令行,最大可能地使用快捷键,所以推荐采用左手键盘、右手鼠标的操作方式。一般情况下,先输入命令,后选择对象,命令使用完成后再输入另外的命令。无论采用何种命令输入方式,都必须注意命令行的提示。绘图前,注意设置不同的图层以方便进行图层控制。绘图时,不必过多地考虑图形尺寸和图幅的关系,但是要精确,并且养成随时保存的习惯。

1.3　AutoCAD 的基本操作

1.3.1　文件操作

AutoCAD 文件的操作是使用 AutoCAD 绘图之前必须掌握的知识,主要包括新建文件、打开文件、关闭文件、保存文件等。

1. 新建文件

执行“文件”→“新建”命令,打开“新建文件”对话框,单击对话框右下角“打开”按钮右侧的下三角按钮,选择“无样板打开-公制”命令,创建新的文件,如图 1-1 所示。这样可以创建一个没有任何样板格式的新文件,并且长度单位为公制,默认单位是毫米。

2. 打开文件

(1)执行“文件”→“打开”命令。

(2)直接双击 AutoCAD 文件打开。

(3)直接拖动文件图标到 AutoCAD 软件的窗口中打开。

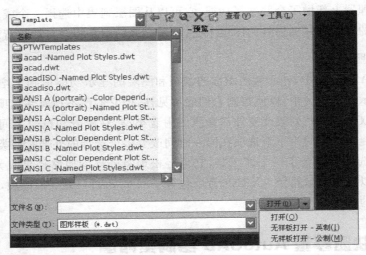

图 1-1　创建文件

3. 关闭文件

(1) 执行"文件"→"关闭"命令。

(2) 单击文件窗口菜单栏右上角的"关闭"按钮。

注意：关闭文件和关闭软件是不同的，一个软件窗口中可以同时打开多个文件。

4. 保存文件

(1) 在绘图过程中应随时注意保存图形，以免因死机、停电等意外事故使图形丢失。执行"文件"→"保存"→"另存为"命令时，注意保存的文件格式，在使用高版本的 AutoCAD 软件时可以在"图形另存为"对话框的"文件类型"下拉列表框中选择低版本的软件格式，以方便低版本用户使用，保证软件的兼容性，如图 1-2 所示。

(2) 单击工具栏中的"保存"按钮，或者按快捷键 Ctrl+S。

(3) 设置自动保存，可以设置自动保存的时间间隔，默认为 10min。执行"工具"→"选项"命令，打开"选项"对话框，选择"打开和保存"选项卡，如图 1-3 所示。

5. 文件的格式

(1) DWG 格式：AutoCAD 专用图形文件格式。

(2) DWT 格式：AutoCAD 样板文件格式。

(3) DXF 格式：通用数据交换文件格式。

(4) BAK 格式：备份文件格式。

1.3.2　鼠标的使用

1. 鼠标左键的使用技巧

鼠标左键为拾取键，在使用鼠标左键拾取对象时，左框选和右框选的结果是不同的。左框选是按住鼠标左键从左向右框选，需要将对象全部框选后才可以选择上，选择范围以紫色显示。右框选是按住鼠标左键从右向左框选，只需和对象交叉即可选中对象，选择范围以绿色显示。如图 1-4 和图 1-5 所示，选择的结果都是将三条直线选中。选中对象后双击鼠标

图 1-2 "图形另存为"对话框

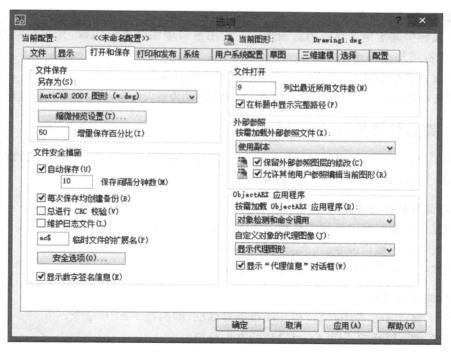

图 1-3 "打开和保存"选项卡

左键可以调出对象的属性。

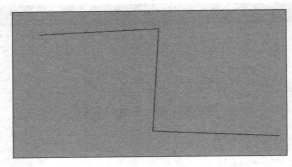

图 1-4　左框选

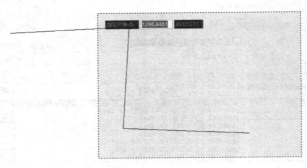

图 1-5　右框选

2. 鼠标中键的使用技巧

（1）鼠标中键常用于快速浏览图形。在绘图窗口中按住鼠标中键,光标将变为手的形状,移动光标可快速移动图形。

（2）双击鼠标中键,绘图窗口中将显示全部图形对象。

（3）转动鼠标滚轮,向下转动为缩小图形,向上转动为放大图形,此时图形的真实尺寸不变。

1.3.3　键盘快捷键和功能键的使用

使用 AutoCAD 制图时,记忆并使用常用命令的快捷键可以大大提高绘图速度,这也是使用 AutoCAD 的一项基本要求。

1. 键盘快捷键的使用

（1）操作命令时可以使用空格键或者 Enter 键确定当前命令。

（2）按 Esc 键结束命令。

（3）按空格键可以重复上一次操作的命令。

2. 功能键的使用

（1）F1 键：启动 AutoCAD 的在线帮助对话框,即执行 HELP 命令。

（2）F2 键：打开或关闭 AutoCAD 的文本窗口。

（3）F3 键：切换对象捕捉设置。

（4）F4 键：打开或关闭数字化仪。

（5）F5 键：设置当前的等轴平面。

（6）F6 键：转换坐标显示方式。

（7）F7 键：打开或关闭栅格。

（8）F8 键：打开或关闭正交方式。

（9）F9 键：打开或关闭捕捉栅格方式。

（10）F10 键：打开或关闭极轴捕捉方式。

（11）F11 键：打开或关闭对象捕捉跟踪。

1.3.4　坐标的概念

1. 绝对坐标

绝对坐标是以原点（0,0）为基点定位所有点。用户可以用"X,Y"的方式输入坐标。

2. 相对坐标

相对坐标是某点（假如 A 点）相对于另一特定点（假如 B 点）的位置。用户可以用"@x,y"的方式输入相对坐标。

3. 绝对极坐标

极坐标通过相对于极点的距离和角度来定义。

绝对极坐标以原点为极点。绝对极坐标的输入格式是"极径＜角度"。

4. 相对极坐标

相对极坐标通过相对于某一特定点的极径和偏移角度来表示。相对极坐标的输入格式是"@极径＜角度"。

练习 1-1：用相对坐标绘制如图 1-6 所示的 1500mm×750mm 的矩形。

图 1-6　用相对坐标绘制矩形

练习 1-2：用相对极坐标绘制 1500mm×750mm 的矩形，如图 1-7 所示。

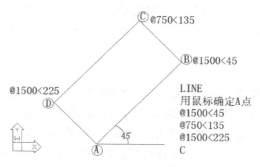

图 1-7　用相对极坐标绘制矩形

练习 1-3：给定一个圆，绘制与其相切且成 20°的直线，如图 1-8 所示。

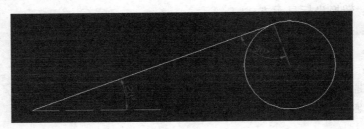

图 1-8　绘制圆的相切直线

1.3.5　图层的概念

1. 图层的定义

一个图层就像一张透明图纸，可以在上面分别绘制不同实体，最后将这些透明图纸叠加起来，从而得到最终的复杂图形。图层示意图如图 1-9 所示。

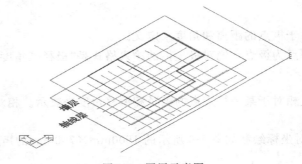

图 1-9　图层示意图

2. 使用图层的优点

使用图层，可以节省存储空间，可以控制图形的颜色、线条宽度、线型属性，还可以统一控制同类图形实体的显示、冻结等特性。

3. 图层的属性

每个图层都可以设置图层的颜色、线型、线宽。

在绘制图形之前，需要对图形进行合理分类，然后创建多个图层，分别对图层设置不同的颜色。绘图时，将每类图形放置到一个图层中。图层最好取具有含义的名字，以便记忆和管理。只有充分利用图层管理图形，才能对复杂图形的编辑和管理得心应手。

1.3.6　图形单位

建筑制图按与实际尺寸 1∶1 的比例输入数据，出图前再定出图比例，绘图时并不显示绘图单位。用户可以认为一个图形单位为 1mm，以毫米为单位输入数据；用户也可以认为一个图形单位为 1m，以米为单位输入数据。具体一个图形单位为多少，可以通过图形单位命令进行设置。执行 UNITS 命令或者执行"格式"→"单位"命令，打开"图形单位"对话框，在该对话框中可以设置长度和角度的类型和精度，如图 1-10 所示。

图 1-10　"图形单位"对话框

1.3.7　建立用户自己的样板文件

用户可以创建属于自己的样板文件，为日后创建新文件省去烦琐的前期操作。创建步骤可以参考以下几步。

（1）用 LIMITS 命令设置图幅。

（2）用 UNITS 命令设置单位。

（3）用 LAYER 命令建立图层。

（4）设置捕捉模式。

（5）保存成样板文件格式（DWT 格式）。

第2章

二 维 绘 图

在绘图过程中,无论多复杂的几何图形都是由基本的图形要素组成的,这些基本图形要素包括直线、圆和圆弧等。绘制和编辑这些基本图形要素的命令就构成了 AutoCAD 最基本的绘图命令。所以,要想熟练地绘制图形,必须熟悉和掌握这些最基本的绘图命令和图形编辑方法。

2.1 绘制直线

使用"直线"命令一次可绘制一条线段,也可以连续绘制多条线段(其中每一条线段都彼此相互独立)。直线段是由起点和终点来确定的,可以通过鼠标或键盘来选定起点或终点。如果是绘制正交线,直接输入间隔距离即可。"直线"命令结束之后,可以按空格键重复调出"直线"命令,再次按下空格键,可以选择上次结束点作为当前直线的起点。

直线的绘制方法如下。

(1) 下拉菜单:执行"绘图"→"直线"命令。

(2) 工具栏:单击"绘图"→"直线"图标。

(3) 命令行:LINE(L)。

练习 2-1:用"直线"命令绘制如图 2-1 所示的图形。

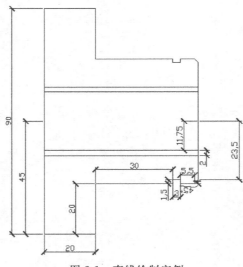

图 2-1　直线绘制实例

操作步骤（以下是软件中的命令行提示，后同）如下：

//绘制正交线

命令：L

LINE 指定第一点：

指定下一点或 [放弃(U)]：45　　　　　　　　　　　//从中线向下 45，输入完数值后按空格键

指定下一点或 [放弃(U)]：20　　　　　　　　　　　//向右 20

指定下一点或 [闭合(C)/放弃(U)]：20　　　　　　　//向上 20

指定下一点或 [闭合(C)/放弃(U)]：30　　　　　　　//向右 30

指定下一点或 [闭合(C)/放弃(U)]：1.5　　　　　　//向上 1.5

指定下一点或 [闭合(C)/放弃(U)]：3　　　　　　　//向右 3

指定下一点或 [闭合(C)/放弃(U)]：1.5　　　　　　//向下 1.5

指定下一点或 [闭合(C)/放弃(U)]：5.5　　　　　　//向右 5.5

指定下一点或 [闭合(C)/放弃(U)]：1.5　　　　　　//向右 1.5

指定下一点或 [闭合(C)/放弃(U)]：1.5　　　　　　//向上 1.5

指定下一点或 [闭合(C)/放弃(U)]：23.5　　　　　　//向上 23.5

指定下一点或 [闭合(C)/放弃(U)]：　　　　　　　　//按 Enter 键结束

//连接 45°角落处直线，并删除多余两条直线

命令：L

LINE 指定第一点：　　　　　　　　　　　　　　　//选择右下角 1.5 处端点，绘制出斜线

指定下一点或 [放弃(U)]：　　　　　　　　　　　//选择端点

指定下一点或 [放弃(U)]：　　　　　　　　　　　//按 Enter 键

命令：指定对角点：　　　　　　　　　　　　　　//选择两条 1.5 的直线

命令：_.erase 找到 2 个　　　　　　　　　　　　//选择端点删除

//捕捉中点，绘制中间的粉色线，并用"偏移"命令(本节黑白印刷，具体颜色详见操作界面)

命令：L

LINE 指定第一点：　　　　　　　　　　　　　　　//选择中点

指定下一点或 [放弃(U)]：　　　　　　　　　　　//选择另一中点

命令：O

OFFSET　　　　　　　　　　　　　　　　　　　　//"偏移"命令详见第 3 章

当前设置：删除源=否 图层=源 OFFSETGAPTYPE=0

指定偏移距离或 [通过(T)/删除(E)/图层(L)] <通过>：2

//选择刚刚绘制的直线

指定要偏移的那一侧上的点，或 [退出(E)/多个(M)/放弃(U)] <退出>：

选择要偏移的对象，或 [退出(E)/放弃(U)] <退出>：1

//镜像出上面的重复部分

命令：MIRROR　　　　　　　　　　　　　　　　　//选择镜像的直线

找到 12 个

指定镜像线的第一点：指定镜像线的第二点：

要删除源对象吗？[是(Y)/否(N)] <N>：　　　　　　//镜像保留原对象

2.2　绘制正多边形

使用"正多边形"命令可以绘制边数为 3～1024 的正多边形。

正多边形的绘制方法如下。

（1）下拉菜单：执行"绘图"→"正多边形"命令。

（2）工具栏：单击"绘图"→"正多边形"图标。

（3）命令行：POLYGON(POL)。

绘制正多边形需要指定正多边形的中心点或者是边方式，指定中心点的方式有内接于圆(I)和外切于圆(C)两种，如图 2-2 所示。边方式是指进入命令后，有个选项边(E)，应用于现有边长已知的情况，可以拾取多边形一边的两个端点作为当前的边，逆时针作图，如图 2-3 所示。

 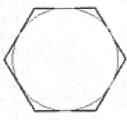 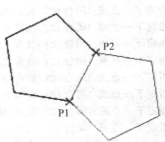

(a) 内接于圆方式　　　　　　(b) 外切于圆方式

图 2-2　以内接于圆和外切于圆方式绘制正多边形　　　图 2-3　以边方式绘制正多边形

需要注意的是，图形绘制、编辑和修改的结果对于选择对象的点的位置具有依从关系。例如，图 2-3 中 P1 和 P2 点的选择顺序直接影响最终的绘制效果。

2.3　绘制圆

圆的绘制方式有很多，应根据具体情况选择合适的绘制方法。

圆的绘制方法如下。

（1）下拉菜单：执行"绘图"→"圆"命令。

（2）工具栏：单击"绘图"→"圆"图标。

（3）命令行：CIRCLE。

圆的绘制方式选择如下。

（1）圆心-半径方式。

（2）圆心-直径方式。

（3）三点方式(3P)。

（4）两点方式(2P)。

（5）相切、相切、半径(T)。

（6）绘制与三个对象相切的圆。

图 2-4 展示了常见的圆的绘制方式。但是，同样的条件下，如果选择点不同，结果可能也不尽相同，如图 2-5 所示，选择相切、相切、半径方式作图，选择圆的时候 P1、P2 点和 P3、P4 点的位置所形成的圆分别在两个方向。

练习 2-2：绘制如图 2-6 所示的图形。

(a) 圆心(C)、半径(R)

(b) 圆心(C)、直径(D)

(c) 两点(P1、P2)

(d) 三点(S1、S2、S3)

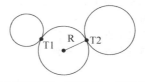

(e) 相切(T1)、相切(T2)、半径(R)

图 2-4　常见的圆的绘制方式

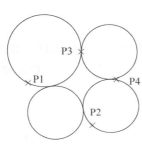

图 2-5　相切、相切、半径方式中选择
切点位置对画圆的影响

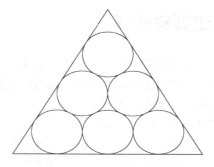

图 2-6　圆练习图

操作步骤如下:

```
//绘制等边三角形
命令: _polygon 输入边的数目 <4>: 3
指定正多边形的中心点或 [边(E)]:
输入选项 [内接于圆(I)/外切于圆(C)] <I>: C
指定圆的半径:                              //用鼠标指定
//本题思路,通过绘制顶点到边的垂线或者中线,得到两条垂线与边相切的第一个圆,再使用三相切
//法绘制其他圆
//绘制两条辅助线,绘制两条垂线

命令: L
LINE 指定第一点:                           //选择上面的顶点
指定下一点或 [放弃(U)]:                     //选择底边的中点或者垂足
指定下一点或 [放弃(U)]:                     //按空格键结束

命令: LINE 指定第一点:                      //选择下面的任意顶点
指定下一点或 [放弃(U)]:                     //选择对面边的中点或者垂足
指定下一点或 [放弃(U)]:                     //按空格键结束

//用三相切法绘制中间的一个圆
命令: _circle 指定圆的圆心或 [三点(3P)/两点(2P)/相切、相切、半径(T)]: _3p
```

指定圆上的第一个点：_tan 到
指定圆上的第二个点：_tan 到
指定圆上的第三个点：_tan 到

//重复用三相切法绘制其他的圆
命令：_circle 指定圆的圆心或 [三点(3P)/两点(2P)/相切、相切、半径(T)]：_3p
指定圆上的第一个点：_tan 到
指定圆上的第二个点：_tan 到
指定圆上的第三个点：_tan 到

//删除辅助线
命令：_.erase 找到 2 个

2.4 绘制构造线

使用"构造线"命令可以绘制一组从一个指定点开始向两端无限延伸的直线。构造线经常用于轴线法绘制平面图时的轴线网格。进入"构造线"命令之后，可以根据命令行提示，选择水平、垂直或者其他特殊的画法。
构造线的绘制方法如下。
（1）下拉菜单：执行"绘图"→"构造线"命令。
（2）工具栏：单击"绘图"→"构造线"图标。
（3）命令行：XL。

2.5 绘制点

绘制点很多情况下是为了定位，以服务于其他图形的绘制需要。
点的绘制方法如下。
（1）下拉菜单：执行"绘图"→"点"→"单点"命令。

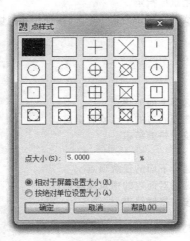

图 2-7 "点样式"对话框

（2）工具栏：单击"绘图"→"点"图标。
（3）命令行：POINT（PO）。
默认状态下，绘制的点很小，几乎看不见，放大也无效。可以通过执行"格式"→"点样式"命令，打开"点样式"对话框进行设置，如图 2-7 所示。
与绘制点有关的两个命令如下。
（1）MEASURE/ME：定距等分。
（2）DIVIDE/DIV：定数等分。
定距等分是指可以以指定的间隔标记对象，而定数等分可以将所选对象等分为指定数目的相等长度。在使用定距等分时应注意选择标记对象的位置，选择的位置和操作的结果具有依从关系。此外，这两个命令仅仅是在对象上添加点,并非真正分隔对象。

练习 2-3：将长 2100 的直线定距等分,定距为 500。

操作步骤如下：

命令：L   //绘制直线
命令：MEASURE

选择要定距等分的对象：   //选择直线,注意选择点的位置
指定线段长度或 [块(B)]：500   //按 Enter 键后,注意结果图 2-8 和图 2-9 的不同之处

图 2-8　选择对象靠左端

图 2-9　选择对象靠右端

练习 2-4：绘制如图 2-10 所示的点状放射图。

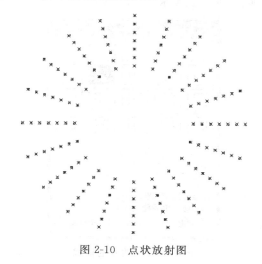

图 2-10　点状放射图

操作步骤如下：

//绘制 7 个辅助圆,间隔为 20,半径随意,将圆定数等分 20 份,连接等分点直线,删除辅助圆
命令：C

CIRCLE 指定圆的圆心或 [三点(3P)/两点(2P)/相切、相切、半径(T)]:
指定圆的半径或 [直径(D)] <132.2117>:　　　　　　　　　//任意绘制一个圆
命令: O
OFFSET
当前设置: 删除源=否 图层=源 OFFSETGAPTYPE=0
指定偏移距离或 [通过(T)/删除(E)/图层(L)] <188.1501>: 20　//向外偏移出 6 个距离
　　　　　　　　　　　　　　　　　　　　　　　　　　　　　　　　//相差为 20 的圆

选择要偏移的对象,或 [退出(E)/放弃(U)] <退出>:
指定要偏移的那一侧上的点,或 [退出(E)/多个(M)/放弃(U)] <退出>: //第 1 个
选择要偏移的对象,或 [退出(E)/放弃(U)] <退出>:
指定要偏移的那一侧上的点,或 [退出(E)/多个(M)/放弃(U)] <退出>: //第 2 个
选择要偏移的对象,或 [退出(E)/放弃(U)] <退出>:
指定要偏移的那一侧上的点,或 [退出(E)/多个(M)/放弃(U)] <退出>: //第 3 个
选择要偏移的对象,或 [退出(E)/放弃(U)] <退出>:
指定要偏移的那一侧上的点,或 [退出(E)/多个(M)/放弃(U)] <退出>: //第 4 个
选择要偏移的对象,或 [退出(E)/放弃(U)] <退出>:
指定要偏移的那一侧上的点,或 [退出(E)/多个(M)/放弃(U)] <退出>: //第 5 个
选择要偏移的对象,或 [退出(E)/放弃(U)] <退出>:
指定要偏移的那一侧上的点,或 [退出(E)/多个(M)/放弃(U)] <退出>: //第 6 个
选择要偏移的对象,或 [退出(E)/放弃(U)] <退出>:

//定数等分这个圆为 20 段
命令: DIV
DIVIDE
选择要定数等分的对象:　　　　　　　　　　　　　　　　　//选择最内侧圆
输入线段数目或 [块(B)]: 20
//将点的样式修改为可见,如图 2-11 所示

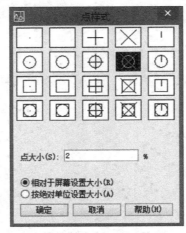

图 2-11　修改点的样式

命令: '_ddptype
正在重生成模型
//将剩余的 6 个圆依次等分

命令：DIV

DIVIDE

选择要定数等分的对象：　　　　　　　　　　　　　　　　//选择第 2 个圆

输入线段数目或 [块(B)]：

输入线段数目或 [块(B)]：20

命令：DIV

DIVIDE

选择要定数等分的对象：　　　　　　　　　　　　　　　　//选择第 3 个圆

输入线段数目或 [块(B)]：20

命令：DIVIDE

选择要定数等分的对象：　　　　　　　　　　　　　　　　//选择第 4 个圆

输入线段数目或 [块(B)]：20

命令：DIVIDE

选择要定数等分的对象：　　　　　　　　　　　　　　　　//选择第 5 个圆

输入线段数目或 [块(B)]：20

命令：DIVIDE

选择要定数等分的对象：　　　　　　　　　　　　　　　　//选择第 6 个圆

输入线段数目或 [块(B)]：20

命令：DIVIDE

选择要定数等分的对象：　　　　　　　　　　　　　　　　//选择第 7 个圆

输入线段数目或 [块(B)]：20

//删除 7 个圆

命令：指定对角点：　　　　　　　　　　　　　　　　　　　//选择 7 个圆,按 Delete 键

命令：_.erase 找到 7 个

2.6　绘制圆弧

圆弧的绘制方法如下。

(1) 下拉菜单：执行"绘图"→"圆弧"命令,选择具体的画弧方式。

(2) 工具栏：单击"绘图"→"圆弧"图标。

(3) 命令行：ARC。

圆弧的绘制方式选择如下。

(1) 三点画弧(3P)

(2) 起点-中心点-端点(SCE)。

(3) 起点-中心点-角度(SCA)。

(4) 起点-中心点-弦长(SCL)。

(5) 起点-端点-角度(SEA)。

(6) 起点-端点-起始方向(SED)。

(7) 起点-端点-半径(SER)。

(8) 中心点-起点-端点(CSE)。

(9) 中心点-起点-角度(CSA)。

(10) 中心点-起点-弦长(CSL)。

（11）画与前一条直线或圆弧相切的圆弧（继续）用 C 回答（"用 C 回答"是一个子命令）。

图 2-12 展示了常见绘弧的 8 种方式。但是，同样的条件下，如果选择点不同，结果可能也不尽相同。

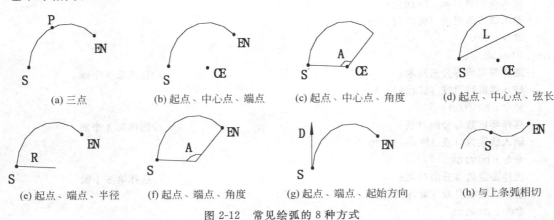

(a) 三点   (b) 起点、中心点、端点   (c) 起点、中心点、角度   (d) 起点、中心点、弦长

(e) 起点、端点、半径   (f) 起点、端点、角度   (g) 起点、端点、起始方向   (h) 与上条弧相切

图 2-12　常见绘弧的 8 种方式

练习 2-5：绘制如图 2-13 所示的图形，图中的弧线均为半圆弧。

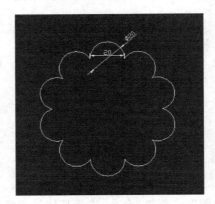

图 2-13　弧线练习

操作步骤如下：

命令：L
LINE 指定第一点：
指定下一点或 [放弃(U)]：20   //绘制一条长度为 20 的直线，作为参考，按空格键确定
//绘制边数为 10 的多边形
命令：POL
POLYGON 输入边的数目 <10>：
指定正多边形的中心点或 [边(E)]：E
指定边的第一个端点：指定边的第二个端点： //按逆时针方向选择刚刚绘制的直线

命令：ARC 指定圆弧的起点或 [圆心(C)]：   //绘制圆弧命令，注意选择点的顺序
指定圆弧的第二个点或 [圆心(C)/端点(E)]：E
指定圆弧的端点：

指定圆弧的圆心或 [角度 (A) /方向 (D) /半径 (R)] : 10

//重复其他 9 个圆弧的绘制
//删除辅助直线

练习 2-6：绘制桥梁剖面图，如图 2-14 所示。

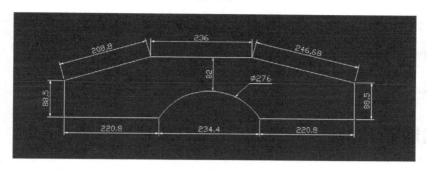

图 2-14　桥梁剖面图

操作步骤如下：

命令：LINE 指定第一点：　　　　　　　　　　　　　//绘制桥梁下方的三段直线
指定下一点或 [放弃 (U)] : <正交 开>220.8　　　//向右绘制
命令：LINE 指定第一点：
指定下一点或 [放弃 (U)] : 234.4　　　　　　　　//向右绘制,辅助线
命令：LINE 指定第一点：
指定下一点或 [放弃 (U)] : 220.8　　　　　　　　//向右绘制
命令：_arc 指定圆弧的起点或 [圆心 (C)] :　　　//绘制下面起点、端点、半径已知的圆弧
指定圆弧的第二个点或 [圆心 (C) /端点 (E)] : _e
指定圆弧的端点：
指定圆弧的圆心或 [角度 (A) /方向 (D) /半径 (R)] : _r 指定圆弧的半径：138
命令：
命令：_.erase 找到 1 个　　　　　　　　　　　　//删除长度为 234.4 的直线

//绘制左右 88.5 高度的直线
命令：L
LINE 指定第一点：
指定下一点或 [放弃 (U)] : 88.5
命令：LINE 指定第一点：
指定下一点或 [放弃 (U)] : 88.5

命令：O
OFFSET　　　　　　　　　　　　　　　　　　　　　//将圆弧切线向上偏移 82,确定桥梁上限
当前设置：删除源=否 图层=源 OFFSETGAPTYPE=0
指定偏移距离或 [通过 (T) /删除 (E) /图层 (L)] <18.0000>：82
选择要偏移的对象，或 [退出 (E) /放弃 (U)] <退出>：　　//选择圆弧切线
指定要偏移的那一侧上的点，或 [退出 (E) /多个 (M) /放弃 (U)] <退出>：　　　　　　//上方单击
选择要偏移的对象，或 [退出 (E) /放弃 (U)] <退出>：＊取消＊

//绘制两个圆,半径为 208.8 和 248.68,确定交点

命令:C

CIRCLE 指定圆的圆心或 [三点(3P)/两点(2P)/相切、相切、半径(T)]: //选择左侧 88.5 直线顶端

指定圆的半径或 [直径(D)]:208.8

命令:C

CIRCLE 指定圆的圆心或 [三点(3P)/两点(2P)/相切、相切、半径(T)]: //选择右侧 88.5 直线顶端

指定圆的半径或 [直径(D)] <208.8000>:248.68

//连线,并删除辅助线

2.7 绘制多线

使用"多线"命令可以绘制由多条平行线段组成的多线,如图 2-15 所示。

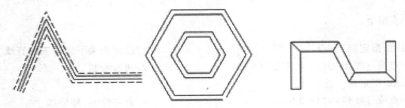

图 2-15 多线的图例

多线的绘制方法如下。

(1) 下拉菜单:执行"绘图"→"多线"命令。

(2) 命令行:MLINE(ML)。

绘制时需要注意多线的对齐方式(J)和多线的比例宽度(S)。其中,对齐方式有居上、居中(无)和居下 3 种,如图 2-16 所示;比例即线宽。

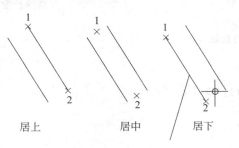

图 2-16 多线的 3 种对齐方式

有时,根据绘制多线的要求可以定义多线样式(MLSTYLE)。用户可以创建、修改和管理多线样式。打开"新建多线样式"对话框,如图 2-17 所示。注意:不能对 STANDARD 样式和在图形中已经被使用过的多线样式进行修改。多线样式的修改方法如下。

(1) 下拉菜单:执行"格式"→"多线样式"命令。

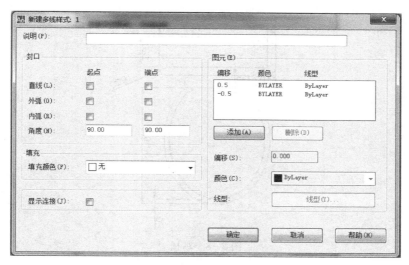

图 2-17　"新建多线样式"对话框

（2）命令行：MLSTYLE。

2.8　绘制椭圆和椭圆弧

"椭圆"命令和"椭圆弧"命令一样，只是子命令有所区别，具体绘制方法如下。

（1）下拉菜单：执行"绘图"→"椭圆"命令。

（2）工具栏：单击"绘图"→"椭圆"图标。

（3）命令行：ELLIPSE（EL）。

命令输入后显示：

输入命令需要指定椭圆的轴端点或 [圆弧(A)/中心点(C)]：

① 根据椭圆一根轴上的两个端点以及另一轴的半长绘制椭圆。

② 根据椭圆长轴的两个端点以及转角绘制椭圆。

③ 根据椭圆中心点、轴端点、另一轴的半长绘制椭圆。

④ 根据椭圆中心点、轴端点以及转角绘制椭圆。

绘制时注意应按照逆时针方向作图。

练习 2-7：绘制如图 2-18 所示的马桶。

操作步骤如下：

//绘制上方水箱部分
命令：REC
RECTANG
指定第一个角点或 [倒角(C)/标高(E)/圆角(F)/厚度(T)/宽度(W)]：F
指定矩形的圆角半径 <0.0000>：30   //设置矩形细节
指定第一个角点或 [倒角(C)/标高(E)/圆角(F)/厚度(T)/宽度(W)]：
指定另一个角点或 [面积(A)/尺寸(D)/旋转(R)]：@440,180   //绘制圆角矩形

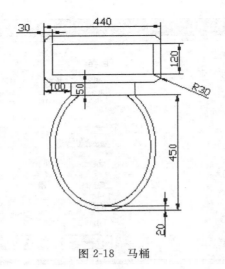

图 2-18　马桶

命令：O

OFFSET

当前设置：删除源=否 图层=源 OFFSETGAPTYPE=0

指定偏移距离或 [通过(T)/删除(E)/图层(L)] <通过>：30　　//向内偏移出内矩形

选择要偏移的对象，或 [退出(E)/放弃(U)] <退出>：

指定要偏移的那一侧上的点，或 [退出(E)/多个(M)/放弃(U)] <退出>：

选择要偏移的对象，或 [退出(E)/放弃(U)] <退出>：*取消*

//绘制中间连接矩形

//绘制马桶中线

命令：L

LINE 指定第一点：

指定下一点或 [放弃(U)]：50

指定下一点或 [放弃(U)]：

命令：O　　　　　　　　　　　　　　　　　　　　　　　　//两侧偏移 120，确定马桶盖左右边界

OFFSET

当前设置：删除源=否 图层=源 OFFSETGAPTYPE=0

指定偏移距离或 [通过(T)/删除(E)/图层(L)] <30.0000>：120

//绘制两边长度均为 50

命令：L

LINE 指定第一点：

指定下一点或 [放弃(U)]：50

//绘制椭圆弧

命令：O　　　　　　　　　　　　　　　　　　　　　　　　//偏移出弧线短轴位置

OFFSET

当前设置：删除源=否 图层=源 OFFSETGAPTYPE=0

指定偏移距离或 [通过(T)/删除(E)/图层(L)] <120.0000>：200

命令：EL

ELLIPSE

指定椭圆的轴端点或 [圆弧 (A)/中心点 (C)]：A

指定椭圆弧的轴端点或 [中心点 (C)]：

指定轴的另一个端点：

指定另一条半轴长度或 [旋转 (R)]：

指定起始角度或 [参数 (P)]：

指定终止角度或 [参数 (P)/包含角度 (I)]：

命令：O

OFFSET

当前设置：删除源=否 图层=源 OFFSETGAPTYPE=0

指定偏移距离或 [通过 (T)/删除 (E)/图层 (L)] <200.0000>：20

//最后需要拖拉下句柄，使之伸至连接矩形

练习 2-8：绘制椭圆手柄，如图 2-19 所示。

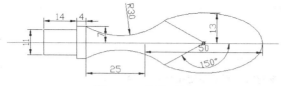

图 2-19 椭圆手柄

操作步骤如下：

//绘制左侧把手部分

命令：L

LINE 指定第一点：

指定下一点或 [放弃 (U)]：<正交 开>5.5

指定下一点或 [放弃 (U)]：14

指定下一点或 [闭合 (C)/放弃 (U)]：1.5

指定下一点或 [闭合 (C)/放弃 (U)]：4

指定下一点或 [闭合 (C)/放弃 (U)]：7

指定下一点或 [闭合 (C)/放弃 (U)]：25

指定下一点或 [闭合 (C)/放弃 (U)]：50

指定下一点或 [闭合 (C)/放弃 (U)]： //按空格键结束绘制直线

//向上和向下分别偏移距离为 13 的两条直线

命令：O

OFFSET

当前设置：删除源=否 图层=源 OFFSETGAPTYPE=0

指定偏移距离或 [通过 (T)/删除 (E)/图层 (L)] <30.0000>：13

选择要偏移的对象，或 [退出 (E)/放弃 (U)] <退出>：

指定要偏移的那一侧上的点，或 [退出 (E)/多个 (M)/放弃 (U)] <退出>：

选择要偏移的对象，或 [退出 (E)/放弃 (U)] <退出>：

指定要偏移的那一侧上的点，或 [退出 (E)/多个 (M)/放弃 (U)] <退出>：

选择要偏移的对象，或 [退出 (E)/放弃 (U)] <退出>：

//绘制椭圆弧

命令：ELLIPSE
指定椭圆的轴端点或 [圆弧(A)/中心点(C)]：A
指定椭圆弧的轴端点或 [中心点(C)]：　　　　　　　　　//选择距离为50的直线两端
指定轴的另一个端点：
指定另一条半轴长度或 [旋转(R)]：13
指定起始角度或 [参数(P)]：　　　　　　　　　//先选择尾端的端点，逆时针方向
指定终止角度或 [参数(P)/包含角度(I)]：150

//绘制圆弧，利用起点端点半径
命令：_arc 指定圆弧的起点或 [圆心(C)]：
指定圆弧的第二个点或 [圆心(C)/端点(E)]：_e
指定圆弧的端点：
指定圆弧的圆心或 [角度(A)/方向(D)/半径(R)]：_r
指定圆弧的半径：30
//将绘制好的一半镜像
命令：MI
MIRROR
选择对象：指定对角点：找到 7 个
选择对象：指定镜像线的第一点：指定镜像线的第二点：
要删除源对象吗？[是(Y)/否(N)] <N>：
//绘制结束

2.9　绘制二维多段线

多段线(也称为多义线)由具有宽度的彼此相连的直线段和圆弧构成。多段线的命令为PLINE，它被作为单个的图形对象来处理。"多段线"命令既可以画直线，也可以画弧线；既可以画细线，也可以画粗线，如图 2-20 所示。

图 2-20　多段线示例

多段线的绘制方法如下。
(1) 下拉菜单：执行"绘图"→"多段线"命令。
(2) 工具栏：单击"绘图"→"多段线"图标。
(3) 命令行：PLINE(PL)。
练习 2-9：绘制如图 2-21 所示的箭头。
操作步骤如下：

命令：PL
指定起点：

图 2-21　箭头绘制

当前线宽为 102.2024

指定下一个点或 [圆弧(A)/半宽(H)/长度(L)/放弃(U)/宽度(W)]：W

指定起点宽度 <102.2024>：0

指定端点宽度 <0.0000>：20　　　　　　　　//修改起点宽度 0,端点宽度 20,绘制箭头上半部分

指定下一个点或 [圆弧(A)/半宽(H)/长度(L)/放弃(U)/宽度(W)]：

指定下一点或 [圆弧(A)/闭合(C)/半宽(H)/长度(L)/放弃(U)/宽度(W)]：

指定下一点或 [圆弧(A)/闭合(C)/半宽(H)/长度(L)/放弃(U)/宽度(W)]：W

指定起点宽度 <20.0000>：0

指定端点宽度 <0.0000>：0　　　　　　　　//修改线段宽度均为 0,绘制下面的直线

指定下一点或 [圆弧(A)/闭合(C)/半宽(H)/长度(L)/放弃(U)/宽度(W)]：

指定下一点或 [圆弧(A)/闭合(C)/半宽(H)/长度(L)/放弃(U)/宽度(W)]：

2.10　绘制样条曲线

样条曲线是指经过或者接近一系列给定点的光滑曲线,用户可以控制曲线与点的拟合程度。公差表示样条曲线的拟合精度。公差越小,曲线与点越接近;公差为 0,曲线通过点。拟合公差为 0.4 和 0 时的样条曲线分别如图 2-22 和图 2-23 所示。

图 2-22　拟合公差为 0.4 时的样条曲线

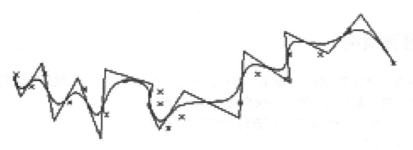

图 2-23　拟合公差为 0 时的样条曲线

样条曲线的绘制方法如下。

(1) 下拉菜单：执行“绘图”→“样条曲线”命令。

(2) 工具栏：单击“绘图”→“样条曲线”图标。

(3) 命令行：SPLINE(SPL)。

2.11　绘制面域

如果要绘制三维实体,必须先生成二维面域之后再进行拉伸操作。可以对面域进行面积的计算。面域之间可以使用 UNION、INTERSECT、SUBTRACT 命令进行并、交、差集的布尔运算,如图 2-24 所示。

面域的绘制方法如下。

(1) 下拉菜单:执行"绘图"→"面域"命令。

(2) 工具栏:单击"绘图"→"面域"图标。

(3) 命令行:REGION。

需要注意的是,组成面域的图形对象所围成的区域必须是完全独立并且是封闭的。

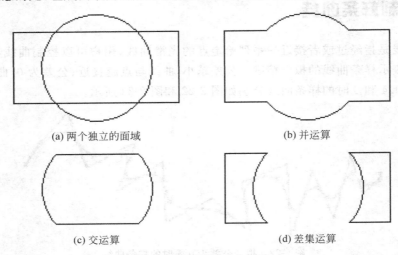

(a) 两个独立的面域　　　　　　　　　　　　　　(b) 并运算

(c) 交运算　　　　　　　　　　　　　　　　　(d) 差集运算

图 2-24　面域的布尔运算

2.12　查询距离

查询距离的命令是 DIST。使用 DIST 命令可以查询两点间的直线距离,以及该直线与 X 轴的夹角。可以通过以下两种方法启动 DIST 命令。

(1) 下拉菜单:执行"工具"→"查询"→"距离"命令。

(2) 命令行:DIST(DI)。

2.13　查询面积

查询面积的命令是 AREA。使用 AREA 命令可以查询由若干点所确定的区域(或由指定实体所围成区域)的面积和周长,还可对面积进行加减运算。

启动 AREA 命令的方法如下。

(1) 下拉菜单:执行"工具"→"查询"→"面积"命令。

（2）命令行：AREA。

AutoCAD 将根据各点连线所围成的封闭区域来计算其面积和周长。

2.14 使用计算器

通过在计算器中输入表达式，用户可以快速解决数学问题或定位图形中的点。CAL 命令运行三维计算器实用程序，以计算矢量表达式（点、矢量和数值的组合）以及实数和整数表达式。计算器除执行标准数学功能外，还包含一组特殊的函数，用于计算点、矢量和 AutoCAD 几何图形。可以透明使用 CAL 命令，即在当前命令执行过程中执行 CAL 命令。

2.15 显示点的坐标

ID 命令用于显示图中指定点的三维坐标。

启动 ID 命令的方法如下。

（1）下拉菜单：执行"工具"→"查询"→"点坐标"命令。

（2）工具栏：单击"查询"→"定位点"图标。

（3）命令行：ID。

第 3 章

二维图形的编辑

本章主要介绍如何使用图形编辑命令对现有的二维图形进行修改,这样可以大大提高作图的准确率,减少重复操作,提高绘图效率。

3.1 偏移

偏移是指以离原对象指定的距离或通过指定点创建新对象,可以理解为平行复制。对象可以为直线、弧线、圆、多段线,如图 3-1 所示。在建筑制图中,常使用"偏移"命令由单一多段线生成双墙线、环形跑道、人行横道线。偏移的命令为 OFFSET 或 O。

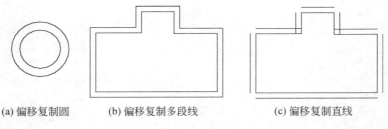

(a) 偏移复制圆   (b) 偏移复制多段线   (c) 偏移复制直线

图 3-1   偏移举例

若要平行偏移由多段直线或直线、圆弧构成的图形,应先用 PEDIT 命令将它们合并为二维多段线,否则偏移后将会产生重叠或间隙,如图 3-2 所示。

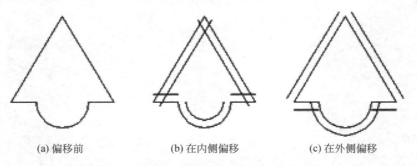

(a) 偏移前   (b) 在内侧偏移   (c) 在外侧偏移

图 3-2   偏移由多段直线和圆弧组成的图形

3.2 圆角

圆角是指用指定半径的圆弧光滑连接相交两直线、弧或者圆。还可以对多段线的各个顶点一次性圆角。使用"圆角"命令,可以自动调整线长,使其与指定半径圆弧相切。圆角的命令为 FILLET 或 F。

注意:

(1) 在图形的编辑修改中,常需使两直线精确相交,此时可使用 FILLET 命令,将圆角半径设为 0。如果用圆角连接的两线段位于同一层,则圆角也将位于该层,并取两线段的颜色、线型和线宽;否则圆角将位于当前层,并取当前层设定的颜色、线型和线宽。

(2) 用圆角连接线段、弧、圆时,AutoCAD 往往要对线段、弧进行延伸或修剪。选择点的位置不同,将会产生不同的圆角效果,如图 3-3 所示。

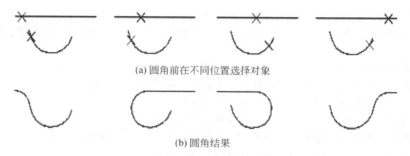

(a) 圆角前在不同位置选择对象

(b) 圆角结果

图 3-3 选择点位置不同对圆角结果的影响

练习 3-1:绘制如图 3-4 所示的客厅组合图形。

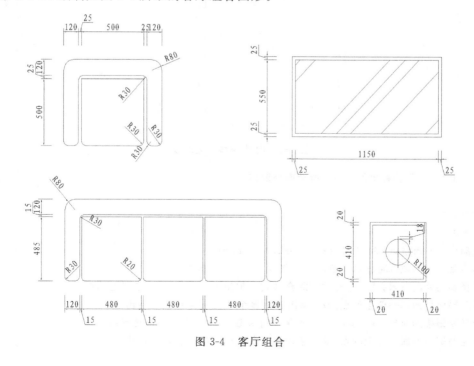

图 3-4 客厅组合

1. 绘制单人沙发

每个图纸都有很多种绘制方法，下面的步骤作为参考。

命令：REC
RECTANG
指定第一个角点或 [倒角 (C)/标高 (E)/圆角 (F)/厚度 (T)/宽度 (W)]：
指定另一个角点或 [面积 (A)/尺寸 (D)/旋转 (R)]：@500,500　//绘制方形

命令：X
EXPLODE　　　　　　　　　　　　　　　　　　　　　　　　//炸开方形，为下一步偏移做准备
选择对象：找到 1 个　　　　　　　　　　　　　　　　　　//选择方形
选择对象：　　　　　　　　　　　　　　　　　　　　　　//按 Esc 键取消
命令：O
OFFSET
当前设置：删除源=否 图层=源 OFFSETGAPTYPE=0
指定偏移距离或 [通过 (T)/删除 (E)/图层 (L)] <通过>：25　　//向外偏移三边线段，如图 3-5 所示

选择要偏移的对象，或 [退出 (E)/放弃 (U)] <退出>：　　　　//选择左边线
指定要偏移的那一侧上的点，或 [退出 (E)/多个 (M)/放弃 (U)] <退出>：
选择要偏移的对象，或 [退出 (E)/放弃 (U)] <退出>：　　　　//选择上边线
指定要偏移的那一侧上的点，或 [退出 (E)/多个 (M)/放弃 (U)] <退出>：
选择要偏移的对象，或 [退出 (E)/放弃 (U)] <退出>：　　　　//选择右边线
指定要偏移的那一侧上的点，或 [退出 (E)/多个 (M)/放弃 (U)] <退出>：
选择要偏移的对象，或 [退出 (E)/放弃 (U)] <退出>：＊取消＊

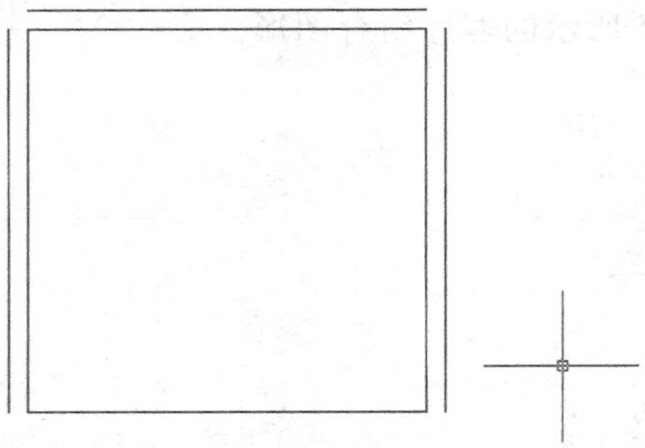

图 3-5　向外偏移三边线段

//绘制扶手，将偏移出的三条线继续向外偏移 120

命令：O
OFFSET
当前设置：删除源=否 图层=源 OFFSETGAPTYPE=0
指定偏移距离或 [通过 (T)/删除 (E)/图层 (L)] <25.0000>：120
选择要偏移的对象，或 [退出 (E)/放弃 (U)] <退出>：　　　　//选择左边线
指定要偏移的那一侧上的点，或 [退出 (E)/多个 (M)/放弃 (U)] <退出>：
选择要偏移的对象，或 [退出 (E)/放弃 (U)] <退出>：　　　　//选择右边线
指定要偏移的那一侧上的点，或 [退出 (E)/多个 (M)/放弃 (U)] <退出>：

选择要偏移的对象,或 [退出(E)/放弃(U)] <退出>:   //选择上边线

指定要偏移的那一侧上的点,或 [退出(E)/多个(M)/放弃(U)] <退出>:

选择要偏移的对象,或 [退出(E)/放弃(U)] <退出>: *取消* //偏移结果如图3-6所示

命令:F

FILLET

当前设置:模式=修剪,半径=0.0000

选择第一个对象或 [放弃(U)/多段线(P)/半径(R)/修剪(T)/多个(M)]:R

指定圆角半径 <0.0000>:30

选择第一个对象或 [放弃(U)/多段线(P)/半径(R)/修剪(T)/多个(M)]:

选择第二个对象,或按住Shift键选择要应用角点的对象:

命令:FILLET

当前设置:模式=修剪,半径=30.0000

选择第一个对象或 [放弃(U)/多段线(P)/半径(R)/修剪(T)/多个(M)]:

选择第二个对象,或按住Shift键选择要应用角点的对象:

命令:FILLET

当前设置:模式=修剪,半径=30.0000

选择第一个对象或 [放弃(U)/多段线(P)/半径(R)/修剪(T)/多个(M)]: *取消*

命令:L   //封口扶手下端

LINE 指定第一点: //左边

指定下一点或 [放弃(U)]:

指定下一点或 [放弃(U)]:

命令:LINE

指定第一点: //右边

指定下一点或 [放弃(U)]:

指定下一点或 [放弃(U)]:

命令:F   //倒角,半径为30

FILLET

当前设置:模式=修剪,半径=0.0000

选择第一个对象或 [放弃(U)/多段线(P)/半径(R)/修剪(T)/多个(M)]:R

指定圆角半径 <0.0000>:30   //先设置半径,默认0改为30

选择第一个对象或 [放弃(U)/多段线(P)/半径(R)/修剪(T)/多个(M)]:

选择第二个对象,或按住Shift键选择要应用角点的对象: //选择需要30°圆角的直线

命令:FILLET 当前设置:模式=修剪,半径=30.0000

选择第一个对象或 [放弃(U)/多段线(P)/半径(R)/修剪(T)/多个(M)]:

选择第二个对象,或按住Shift键选择要应用角点的对象: //按空格键,重复圆角命令选择剩余
    //的5组直线,下同

命令:FILLET

当前设置:模式=修剪,半径=30.0000

选择第一个对象或 [放弃(U)/多段线(P)/半径(R)/修剪(T)/多个(M)]:

选择第二个对象,或按住Shift键选择要应用角点的对象: //重复圆角命令,第三个

命令:FILLET

当前设置：模式 =修剪,半径 =30.0000

选择第一个对象或 [放弃(U)/多段线(P)/半径(R)/修剪(T)/多个(M)]:

选择第二个对象,或按住 Shift 键选择要应用角点的对象:　　　　　　　　//重复圆角命令,第四个

命令: FILLET

当前设置：模式 =修剪,半径 =30.0000

选择第一个对象或 [放弃(U)/多段线(P)/半径(R)/修剪(T)/多个(M)]:

选择第二个对象,或按住 Shift 键选择要应用角点的对象:　　　　　　　　//重复圆角命令,第五个

命令: FILLET　　　　　　　　　　　　　　　　　　　　　　　　　//倒角半径 80

当前设置：模式 =修剪,半径 =30.0000

选择第一个对象或 [放弃(U)/多段线(P)/半径(R)/修剪(T)/多个(M)]: R

指定圆角半径 <30.0000>: 80　　　　　　　　　　　　//将半径 30 改为 80

选择第一个对象或 [放弃(U)/多段线(P)/半径(R)/修剪(T)/多个(M)]://选择左上角的两条直线

选择第二个对象,或按住 Shift 键选择要应用角点的对象:

命令: FILLET

当前设置：模式 =修剪,半径 =80.0000

选择第一个对象或 [放弃(U)/多段线(P)/半径(R)/修剪(T)/多个(M)]://选择左上角的两条直线

选择第二个对象,或按住 Shift 键选择要应用角点的对象:　　　　　　　//最后效果如图 3-7 所示

图 3-6　偏移出扶手

图 3-7　倒角出扶手

2. 绘制茶几

命令: REC

RECTANG

指定第一个角点或 [倒角(C)/标高(E)/圆角(F)/厚度(T)/宽度(W)]:

指定另一个角点或 [面积(A)/尺寸(D)/旋转(R)]: @1150,550　　　　　　//绘制 1150×550 的矩形

命令：O

OFFSET

当前设置：删除源=否 图层=源 OFFSETGAPTYPE=0

指定偏移距离或 [通过(T)/删除(E)/图层(L)] <120.0000>：25

选择要偏移的对象，或 [退出(E)/放弃(U)] <退出>：　　　　//选择矩形,向外偏移 25

指定要偏移的那一侧上的点，或 [退出(E)/多个(M)/放弃(U)] <退出>：

命令：L

LINE 指定第一点：<对象捕捉 关>　　　　　　　　　　　//按 F11 键关闭对象捕捉,绘制矩形

　　　　　　　　　　　　　　　　　　　　　　　　　　　　//框内的斜线

指定下一点或 [放弃(U)]：

3. 绘制三人沙发

//绘制左边矩形

命令：_rectang

指定第一个角点或 [倒角(C)/标高(E)/圆角(F)/厚度(T)/宽度(W)]：

指定另一个角点或 [面积(A)/尺寸(D)/旋转(R)]：@480,480 //绘制沙发座位 480×480

//绘制中间矩形

命令：CO

COPY

选择对象：找到 1 个　　　　　　　　　　　　　　　　//选择绘制的矩形

选择对象：　　　　　　　　　　　　　　　　　　　　//按空格键,结束选择

指定基点或 [位移(D)] <位移>：D

指定位移 <0.0000, 0.0000, 0.0000>：@495,0　　　　//向右平移 495

//绘制右侧矩形

命令：CO

COPY

选择对象：找到 1 个　　　　　　　　　　　　　　　　//选择绘制的矩形

选择对象：　　　　　　　　　　　　　　　　　　　　//按空格键,结束选择

指定基点或 [位移(D)] <位移>：D

指定位移 <0.0000, 0.0000, 0.0000>：@495,0　　　　//向右平移 495,效果如图 3-8 所示

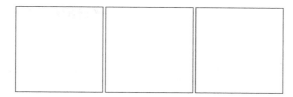

图 3-8　复制出座位

//绘制扶手

命令：X

EXPLODE

选择对象：找到 3 个　　　　　　　　　　　　　　　　//选择 3 个正方形,将其炸开成直线

选择对象：　　　　　　　　　　　　　　　　　　　　//按空格键,结束选择

命令：O

OFFSET

当前设置：删除源=否 图层=源 OFFSETGAPTYPE=0

指定偏移距离或 [通过(T)/删除(E)/图层(L)] <15.0000>：

选择要偏移的对象，或 [退出(E)/放弃(U)] <退出>：　　　　　//选择左侧直线，向左偏移15

指定要偏移的那一侧上的点，或 [退出(E)/多个(M)/放弃(U)] <退出>：

选择要偏移的对象，或 [退出(E)/放弃(U)] <退出>：　　　　　//选择顶面直线，向上偏移15

指定要偏移的那一侧上的点，或 [退出(E)/多个(M)/放弃(U)] <退出>：

选择要偏移的对象，或 [退出(E)/放弃(U)] <退出>：　　　　　//选择右侧直线，向右偏移15

指定要偏移的那一侧上的点，或 [退出(E)/多个(M)/放弃(U)] <退出>：

命令：O

OFFSET

当前设置：删除源=否 图层=源 OFFSETGAPTYPE=0

指定偏移距离或 [通过(T)/删除(E)/图层(L)] <15.0000>：120

选择要偏移的对象，或 [退出(E)/放弃(U)] <退出>：　　　　　//选择左侧直线，向左偏移120

指定要偏移的那一侧上的点，或 [退出(E)/多个(M)/放弃(U)] <退出>：

选择要偏移的对象，或 [退出(E)/放弃(U)] <退出>：　　　　　//选择顶面直线，向上偏移120

指定要偏移的那一侧上的点，或 [退出(E)/多个(M)/放弃(U)] <退出>：

选择要偏移的对象，或 [退出(E)/放弃(U)] <退出>：　　　　　//选择右侧直线，向右偏移120

指定要偏移的那一侧上的点，或 [退出(E)/多个(M)/放弃(U)] <退出>：

选择要偏移的对象，或 [退出(E)/放弃(U)] <退出>：＊取消＊

//偏移效果如图3-9所示

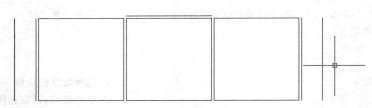

图3-9　偏移出三边

命令：L

LINE 指定第一点：　　　　　　　　　　　　　　　　　　　//绘制直线，如图3-10所示

指定下一点或 [放弃(U)]：

指定下一点或 [放弃(U)]：

命令：LINE 指定第一点：

指定下一点或 [放弃(U)]：

指定下一点或 [放弃(U)]：

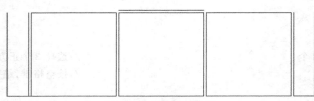

图3-10　偏移出扶手

命令：F　　　　　　　　　　　　　　　　　　　　//倒出半径为 30 的圆角,如图 3-11 所示

FILLET

当前设置：模式 =修剪,半径 =0.0000

选择第一个对象或 [放弃(U)/多段线(P)/半径(R)/修剪(T)/多个(M)]：R

指定圆角半径 <0.0000>：30

选择第一个对象或 [放弃(U)/多段线(P)/半径(R)/修剪(T)/多个(M)]：

选择第二个对象,或按住 Shift 键选择要应用角点的对象：

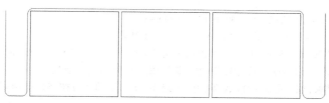

图 3-11　倒出半径为 30 的圆角

命令：F　　　　　　　　　　　　　　　　　　　　//倒出半径为 20 的圆角,如图 3-12 所示

FILLET

当前设置：模式 =修剪,半径 =30.0000

选择第一个对象或 [放弃(U)/多段线(P)/半径(R)/修剪(T)/多个(M)]：R

指定圆角半径 <30.0000>：20

选择第一个对象或 [放弃(U)/多段线(P)/半径(R)/修剪(T)/多个(M)]：

选择第二个对象,或按住 Shift 键选择要应用角点的对象：

图 3-12　倒出半径为 20 的圆角

命令：FILLET　　　　　　　　　　　　　　　　　//倒出半径为 80 的圆角,如图 3-13 所示

当前设置：模式 =修剪,半径 =80.0000

选择第一个对象或 [放弃(U)/多段线(P)/半径(R)/修剪(T)/多个(M)]：

选择第二个对象,或按住 Shift 键选择要应用角点的对象：

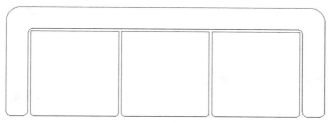

图 3-13　倒出半径为 80 的圆角

4. 绘制方几

//方几上的台灯绘制需要补充两条辅助线确定圆心

命令：REC

RECTANG

指定第一个角点或 [倒角(C)/标高(E)/圆角(F)/厚度(T)/宽度(W)]：

指定另一个角点或 [面积(A)/尺寸(D)/旋转(R)]：@410,410　//绘制 410×410 的方形

命令：O

OFFSET

当前设置：删除源=否 图层=源 OFFSETGAPTYPE=0

指定偏移距离或 [通过(T)/删除(E)/图层(L)] <通过>：20

选择要偏移的对象，或 [退出(E)/放弃(U)] <退出>：　　　　　　//选择方形，向外偏移 20

指定要偏移的那一侧上的点，或 [退出(E)/多个(M)/放弃(U)] <退出>：

选择要偏移的对象，或 [退出(E)/放弃(U)] <退出>：＊取消＊//按空格键结束命令

命令：L　　　　　　　　　　　　　　　　　　　　//绘制两条辅助线，如图 3-14 所示

LINE 指定第一点：

指定下一点或 [放弃(U)]：

指定下一点或 [放弃(U)]：

命令：LINE 指定第一点：

指定下一点或 [放弃(U)]：

指定下一点或 [放弃(U)]：

图 3-14　绘制辅助直线

命令：C

CIRCLE 指定圆的圆心或 [三点(3P)/两点(2P)/相切、相切、半径(T)]：

指定圆的半径或 [直径(D)]：100　　　　　　　　　　//以辅助线交点为圆心绘制半径为
　　　　　　　　　　　　　　　　　　　　　　　　//100 的圆

命令：L

LINE 指定第一点：

指定下一点或 [放弃(U)]：<正交 开>118　　　　　　//自圆心绘制正交方向 4 条长度为
　　　　　　　　　　　　　　　　　　　　　　　　//118 的直线，如图 3-15 所示

指定下一点或 [放弃(U)]：

命令：LINE 指定第一点：

指定下一点或 [放弃(U)]：118

指定下一点或 [放弃(U)]：

命令：LINE 指定第一点：
指定下一点或 [放弃(U)]：118
指定下一点或 [放弃(U)]：
命令：LINE 指定第一点：
指定下一点或 [放弃(U)]：118
指定下一点或 [放弃(U)]：
命令：_.erase 找到 2 个　　　　　　　　　　//删除对角辅助直线
命令：_u ERASE

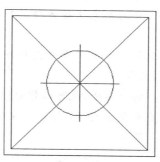

图 3-15　绘制台灯直线

3.3　倒角

倒角是指用指定的倒角距离对相交两直线、多段线、构造线和射线进行切角处理。倒角的命令为 CHAMFER 或 CHA。

倒角有两种定义方法：距离法和角度法，如图 3-16 所示。

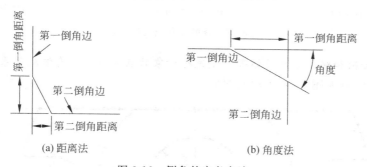

(a) 距离法　　　　　　　　　　　　　　　(b) 角度法

图 3-16　倒角的定义方法

注意：

（1）倒角后，倒角线成为多段线的新线段。

（2）如果用倒角连接的两线段位于同一层，则倒角也在该层，并取两线段的颜色、线型和线宽；否则将位于当前层，取当前层设定的颜色、线型和线宽。

3.4 修剪

修剪是指删去对象超过指定剪切边的部分。修剪的命令为 TRIM 或 TR。该命令需要先选择剪切的边界,再选择修剪的对象,即先选择剪刀后选择剪切的图形。

注意:

(1) 先选择作为剪切边界线的对象,再逐个选择被修剪的对象。

(2) 修剪的边界线可以使用任意的对象选择方法进行选择,当所有的剪切边界选择完毕后按 Enter 键表示选择集结束。

(3) 被修剪的对象一般用点选择的方式。要求选择修剪对象的提示将反复多次,每次修剪一个对象,直至按 Enter 键结束命令。

(4) 一个对象既可以作为修剪的边界线,也可以作为被修剪的对象。

(5) 若选择点在对象的一端点与交点之间,则剪去该端点;若选择点在两交点之间,则剪去两交点之间的部分,如图 3-17 所示。

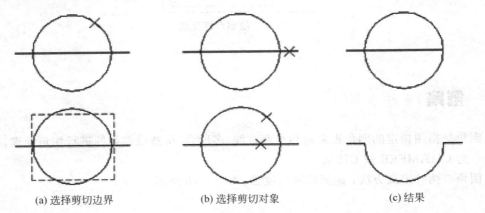

(a) 选择剪切边界   (b) 选择剪切对象   (c) 结果

图 3-17　修剪圆和线段的一端

(6) 图形绘制和编辑修改的结果对于选择对象的点的位置具有依从关系。

练习 3-2:绘制如图 3-18 所示的图形。

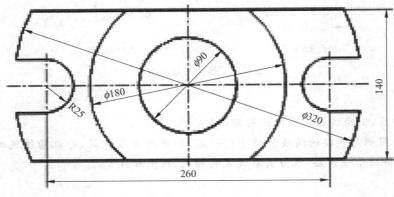

图 3-18　编辑类练习 1

操作步骤如下：

//绘制3个同心圆,半径分别为45、90、160

命令：C

CIRCLE 指定圆的圆心或 [三点 (3P)/两点 (2P)/相切、相切、半径 (T)]：

指定圆的半径或 [直径 (D)]：45

命令：C

CIRCLE 指定圆的圆心或 [三点 (3P)/两点 (2P)/相切、相切、半径 (T)]：

指定圆的半径或 [直径 (D)] <45.0000>：90

命令：C

CIRCLE 指定圆的圆心或 [三点 (3P)/两点 (2P)/相切、相切、半径 (T)]：

指定圆的半径或 [直径 (D)] <90.0000>：160

//绘制经过圆心的水平直线,该直线作为辅助线

命令：L

LINE 指定第一点：

指定下一点或 [放弃 (U)]：

指定下一点或 [放弃 (U)]：　　　　　　　　　　　　　　//按空格键退出

//偏移水平辅助线确定上下边界

命令：O

OFFSET

当前设置：删除源=否 图层=源 OFFSETGAPTYPE=0

指定偏移距离或 [通过 (T)/删除 (E)/图层 (L)] <通过>：70

选择要偏移的对象,或 [退出 (E)/放弃 (U)] <退出>：　　　//选择中线,向上

指定要偏移的那一侧上的点,或 [退出 (E)/多个 (M)/放弃 (U)] <退出>：

选择要偏移的对象,或 [退出 (E)/放弃 (U)] <退出>：　　　//选择中线,向下

指定要偏移的那一侧上的点,或 [退出 (E)/多个 (M)/放弃 (U)] <退出>：

//绘制经过圆心的垂直直线,该直线作为辅助线

命令：L

LINE 指定第一点：

指定下一点或 [闭合 (C)/放弃 (U)]：

指定下一点或 [闭合 (C)/放弃 (U)]：

//左右偏移垂直辅助线确定小圆的圆心

命令：O

OFFSET

当前设置：删除源=否 图层=源 OFFSETGAPTYPE=0

指定偏移距离或 [通过 (T)/删除 (E)/图层 (L)] <70.0000>：130

指定要偏移的那一侧上的点,或 [退出 (E)/多个 (M)/放弃 (U)] <退出>：

选择要偏移的对象,或 [退出 (E)/放弃 (U)] <退出>：

指定要偏移的那一侧上的点,或 [退出 (E)/多个 (M)/放弃 (U)] <退出>：

选择要偏移的对象,或 [退出 (E)/放弃 (U)] <退出>：

//绘制半径为25的小圆

命令：C

CIRCLE 指定圆的圆心或 [三点(3P)/两点(2P)/相切、相切、半径(T)]:

指定圆的半径或 [直径(D)] <160.0000>: 25

命令：C

CIRCLE 指定圆的圆心或 [三点(3P)/两点(2P)/相切、相切、半径(T)]:

指定圆的半径或 [直径(D)] <25.0000>: 25

//连接大圆和小圆的水平直线

命令：L

LINE 指定第一点：

指定下一点或 [放弃(U)]:

指定下一点或 [放弃(U)]:

命令：LINE 指定第一点：

指定下一点或 [放弃(U)]:

指定下一点或 [放弃(U)]:

命令：LINE 指定第一点：

指定下一点或 [放弃(U)]:

指定下一点或 [放弃(U)]:

命令：LINE 指定第一点：

指定下一点或 [放弃(U)]:

指定下一点或 [放弃(U)]:

//利用"修剪"命令，修剪掉多余的线

命令：TR

TRIM

当前设置：投影=UCS,边=无

选择剪切边...　　　　　　　　　　　　　　　　　　//全选所有线作为剪刀

选择对象或 <全部选择>:

指定对角点：找到 17 个

选择对象：　　　　　　　　　　　　　　　　　　//单击要修剪的对象,重复操作

选择要修剪的对象,或按住 Shift 键选择要延伸的对象,或 [栏选(F)/窗交(C)/投影(P)/边(E)/删除(R)/放弃(U)]:

//整理图纸,删除孤立的对象

命令：_.erase 找到 3 个

练习 3-3：绘制如图 3-19 所示的图形。

分析：这个零件比较复杂，可以分为以下几个部分依次完成。

(1) 绘制辅助线、垂直直线和 3 条水平直线。

(2) 绘制下面的两个同心圆。

(3) 绘制上方的胶囊。

(4) 绘制右侧的弯曲胶囊。

(5) 绘制手柄。

操作步骤如下：

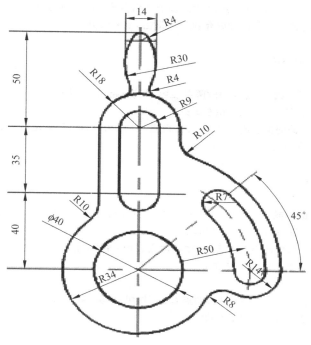

图 3-19 编辑类练习 2

//绘制辅助线、垂直直线和 3 条水平直线

命令:L

LINE 指定第一点:

指定下一点或 [放弃(U)]:<正交 开>

指定下一点或 [放弃(U)]:

指定下一点或 [闭合(C)/放弃(U)]:

命令:O

OFFSET

当前设置:删除源=否 图层=源 OFFSETGAPTYPE=0

指定偏移距离或 [通过(T)/删除(E)/图层(L)] <4.0000>:40

选择要偏移的对象,或 [退出(E)/放弃(U)] <退出>:　　　　　　　　　//选择最下方的水平直线

指定要偏移的那一侧上的点,或 [退出(E)/多个(M)/放弃(U)] <退出>:　//在上方单击

选择要偏移的对象,或 [退出(E)/放弃(U)] <退出>:　　　　　　　　　//按 Esc 键退出,下同

命令:OFFSET

当前设置:删除源=否 图层=源 OFFSETGAPTYPE=0

指定偏移距离或 [通过(T)/删除(E)/图层(L)] <40.0000>:35

选择要偏移的对象,或 [退出(E)/放弃(U)] <退出>:

指定要偏移的那一侧上的点,或 [退出(E)/多个(M)/放弃(U)] <退出>:

选择要偏移的对象,或 [退出(E)/放弃(U)] <退出>:

命令:OFFSET

当前设置:删除源=否 图层=源 OFFSETGAPTYPE=0

指定偏移距离或 [通过(T)/删除(E)/图层(L)] <35.0000>:50

选择要偏移的对象,或 [退出(E)/放弃(U)] <退出>:

指定要偏移的那一侧上的点,或 [退出(E)/多个(M)/放弃(U)] <退出>:
选择要偏移的对象,或 [退出(E)/放弃(U)] <退出>: * 取消 *

//绘制下面的两个同心圆
命令: C
CIRCLE 指定圆的圆心或 [三点(3P)/两点(2P)/相切、相切、半径(T)]:
指定圆的半径或 [直径(D)] <30.0000>: 20
命令: CIRCLE 指定圆的圆心或 [三点(3P)/两点(2P)/相切、相切、半径(T)]:
指定圆的半径或 [直径(D)] <20.0000>: 34

//绘制上方的胶囊
命令: C
CIRCLE 指定圆的圆心或 [三点(3P)/两点(2P)/相切、相切、半径(T)]:
指定圆的半径或 [直径(D)] <34.0000>: 9
命令: CIRCLE 指定圆的圆心或 [三点(3P)/两点(2P)/相切、相切、半径(T)]:
指定圆的半径或 [直径(D)] <9.0000>:
命令: C
CIRCLE 指定圆的圆心或 [三点(3P)/两点(2P)/相切、相切、半径(T)]:
指定圆的半径或 [直径(D)] <9.0000>: 18

//连接小圆两侧,正交垂线
命令: L
LINE 指定第一点: //左侧连接
指定下一点或 [放弃(U)]:
指定下一点或 [放弃(U)]:
命令: LINE 指定第一点: //右侧连接
指定下一点或 [放弃(U)]:
指定下一点或 [放弃(U)]:
命令: LINE 指定第一点: //左侧最外层直线
指定下一点或 [放弃(U)]:
指定下一点或 [放弃(U)]:

//绘制右侧弯曲的胶囊
命令: L   //首先绘制辅助线,夹角为 45°的两条直线
LINE 指定第一点: //从圆心出发,向右
指定下一点或 [放弃(U)]:
指定下一点或 [放弃(U)]:
命令: LINE 指定第一点: //从圆心出发,捕捉 45°角
指定下一点或 [放弃(U)]: <正交 关>
指定下一点或 [放弃(U)]:

//绘制半径为 50 的圆,并偏移出附近的圆弧,利用"修剪"命令修剪掉多余的弧
命令: C
CIRCLE 指定圆的圆心或 [三点(3P)/两点(2P)/相切、相切、半径(T)]:
指定圆的半径或 [直径(D)] <18.0000>: 50

命令：O

OFFSET

当前设置：删除源=否 图层=源 OFFSETGAPTYPE=0

指定偏移距离或 [通过(T)/删除(E)/图层(L)] <50.0000>：7

指定要偏移的那一侧上的点，或 [退出(E)/多个(M)/放弃(U)] <退出>：

选择要偏移的对象，或 [退出(E)/放弃(U)] <退出>：

指定要偏移的那一侧上的点，或 [退出(E)/多个(M)/放弃(U)] <退出>：

选择要偏移的对象，或 [退出(E)/放弃(U)] <退出>：

指定要偏移的那一侧上的点，或 [退出(E)/多个(M)/放弃(U)] <退出>：

选择要偏移的对象，或 [退出(E)/放弃(U)] <退出>：

命令：TR

TRIM

当前设置：投影=UCS,边=无

选择剪切边...   //选择夹角为 45°的两条直线

选择对象或 <全部选择>：

指定对角点：找到 1 个

选择对象：找到 1 个,总计 2 个

选择要修剪的对象,或按住 Shift 键选择要延伸的对象,或[栏选(F)/窗交(C)/投影(P)/边(E)/删除(R)/放弃(U)]：

//绘制两头的小圆,并偏移出半径为 14 的小圆

命令：C

CIRCLE 指定圆的圆心或 [三点(3P)/两点(2P)/相切、相切、半径(T)]：

指定圆的半径或 [直径(D)] <50.0000>：7

命令：CIRCLE 指定圆的圆心或 [三点(3P)/两点(2P)/相切、相切、半径(T)]：

指定圆的半径或 [直径(D)] <7.0000>：7

命令：O

OFFSET

当前设置：删除源=否 图层=源 OFFSETGAPTYPE=0

指定偏移距离或 [通过(T)/删除(E)/图层(L)] <7.0000>：

选择要偏移的对象,或 [退出(E)/放弃(U)] <退出>：

指定要偏移的那一侧上的点,或 [退出(E)/多个(M)/放弃(U)] <退出>：

选择要偏移的对象,或 [退出(E)/放弃(U)] <退出>：

//修剪多余的线段,并用"倒角"命令绘制连接的圆弧

命令：TR   //该命令重复多次,直到多余的线被修剪干净

TRIM

当前设置：投影=UCS,边=无

选择剪切边...

选择对象或 <全部选择>：找到 1 个

选择对象：找到 1 个,总计 2 个

选择对象：

选择要修剪的对象,或按住 Shift 键选择要延伸的对象,或[栏选(F)/窗交(C)/投影(P)/边(E)/删除(R)/放弃(U)]：

//倒角连接左右半径为 10 的弧线和下面半径为 8 的弧线

命令：F

FILLET

当前设置：模式 =修剪，半径 =0.0000

选择第一个对象或 [放弃(U)/多段线(P)/半径(R)/修剪(T)/多个(M)]：R

指定圆角半径 <0.0000>：10

选择第一个对象或 [放弃(U)/多段线(P)/半径(R)/修剪(T)/多个(M)]：

选择第二个对象，或按住 Shift 键选择要应用角点的对象：

命令：FILLET

当前设置：模式 =修剪，半径 =10.0000

选择第一个对象或 [放弃(U)/多段线(P)/半径(R)/修剪(T)/多个(M)]：

选择第二个对象，或按住 Shift 键选择要应用角点的对象：

命令：F

FILLET

当前设置：模式 =修剪，半径 =10.0000

选择第一个对象或 [放弃(U)/多段线(P)/半径(R)/修剪(T)/多个(M)]：R

指定圆角半径 <10.0000>：指定第二点：8

选择第一个对象或 [放弃(U)/多段线(P)/半径(R)/修剪(T)/多个(M)]：

选择第二个对象，或按住 Shift 键选择要应用角点的对象：

//修剪多余的线段，整理下方的图纸

命令：TR   //该命令重复多次，直到多余的线被修剪干净

TRIM

当前设置：投影=UCS，边=无

选择剪切边...

选择对象或 <全部选择>：找到 1 个

选择对象：找到 1 个，总计 2 个

选择对象：

选择要修剪的对象，或按住 Shift 键选择要延伸的对象，或[栏选(F)/窗交(C)/投影(P)/边(E)/删除(R)/放弃(U)]：

//绘制手柄，首先绘制定位直线，确定半径为 4 的圆的圆心

命令：O

OFFSET

当前设置：删除源=否 图层=源 OFFSETGAPTYPE=0

指定偏移距离或 [通过(T)/删除(E)/图层(L)] <7.0000>：4

指定要偏移的那一侧上的点，或 [退出(E)/多个(M)/放弃(U)] <退出>：

选择要偏移的对象，或 [退出(E)/放弃(U)] <退出>：

命令：C

CIRCLE 指定圆的圆心或 [三点(3P)/两点(2P)/相切、相切、半径(T)]：

指定圆的半径或 [直径(D)] <7.0000>：4

命令：OFFSET   //偏移出手柄两侧的边界直线

当前设置：删除源=否 图层=源 OFFSETGAPTYPE=0

指定偏移距离或 [通过(T)/删除(E)/图层(L)] <7.0000>：

选择要偏移的对象，或 [退出(E)/放弃(U)] <退出>：//向左

指定要偏移的那一侧上的点,或 [退出(E)/多个(M)/放弃(U)] <退出>:

选择要偏移的对象,或 [退出(E)/放弃(U)] <退出>: //向右

指定要偏移的那一侧上的点,或 [退出(E)/多个(M)/放弃(U)] <退出>:

//利用相切-相切-半径绘制两个圆

命令: _circle 指定圆的圆心或 [三点(3P)/两点(2P)/相切、相切、半径(T)]: _ttr

指定对象与圆的第一个切点:

指定对象与圆的第二个切点:

指定圆的半径 <4.0000>: 30

命令: CIRCLE 指定圆的圆心或 [三点(3P)/两点(2P)/相切、相切、半径(T)]: T

指定对象与圆的第一个切点:

指定对象与圆的第二个切点:

指定圆的半径 <30.0000>:

命令: TR

TRIM

当前设置:投影=UCS,边=无

选择剪切边...

选择对象或 <全部选择>: 找到 1 个

选择对象: 找到 1 个,总计 2 个

选择对象:

选择要修剪的对象,或按住 Shift 键选择要延伸的对象,或 [栏选(F)/窗交(C)/投影(P)/边(E)/删除(R)/放弃(U)]:

//绘制手柄与主体的连接

命令: F

FILLET

当前设置:模式=修剪,半径=8.0000

选择第一个对象或 [放弃(U)/多段线(P)/半径(R)/修剪(T)/多个(M)]: 4

选择第一个对象或 [放弃(U)/多段线(P)/半径(R)/修剪(T)/多个(M)]:

选择第二个对象,或按住 Shift 键选择要应用角点的对象:

命令: FILLET

当前设置:模式=修剪,半径=8.0000

选择第一个对象或 [放弃(U)/多段线(P)/半径(R)/修剪(T)/多个(M)]: R

指定圆角半径 <8.0000>: 4

选择第一个对象或 [放弃(U)/多段线(P)/半径(R)/修剪(T)/多个(M)]:

选择第二个对象,或按住 Shift 键选择要应用角点的对象:

选择第二个对象,或按住 Shift 键选择要应用角点的对象:

3.5 移动

移动是指将图形中选定的对象从某一位置移到新的位置,移动时首先应定位一个基点,用来确定当前图形的位置。也可以使用位移法,将当前图形移动到一个具体的坐标点。移动的命令为 MOVE 或 M。

3.6　复制

复制是指将图中指定对象一次或多次复制到指定的位置,原对象位置不变。使用该命令可以带基点复制对象。复制的命令为 COPY 或 CP 或 CO。

3.7　镜像

镜像是指相对镜像线(即对称轴线)生成指定对象的镜像,即是对称复制,原对象可以删除或保留,如图 3-20 所示。镜像的命令为 MIRROR 或 MI。

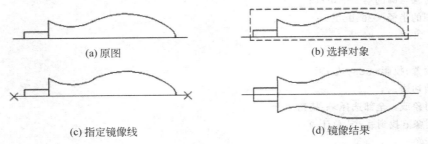

　　(a) 原图　　　　　　　　　　　　　　　(b) 选择对象

　　(c) 指定镜像线　　　　　　　　　　　　(d) 镜像结果

图 3-20　镜像图形

镜像过程中如果存在文字,则文字的镜像有两种结果,如图 3-21 所示。可以通过修改镜像的文字属性 MIRRTEXT 进行修改:当 MIRRTEXT＝0 时,文字不发生镜像,仅仅复制;当 MIRRTEXT＝1 时,文字发生反转。

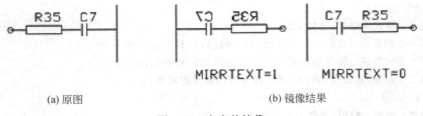

　　(a) 原图　　　　　　　　　　　　　　　(b) 镜像结果

图 3-21　文字的镜像

3.8　阵列

阵列是指按矩形或环形方式排列对象的多个副本。矩形阵列就是按给定的行数、列数、行偏移、列偏移复制图形。环形阵列就是按给定的中心点、个数、角度沿圆周均匀地复制图形。阵列的命令为 ARRAY 或 AR。输入 AR 并按 Enter 键,打开"阵列"对话框,如图 3-22 所示。

在"阵列"对话框中设置阵列的方式如下。

(1) 矩形阵列:设置阵列的行数、列数、行偏移、列偏移,矩形阵列结果如图 3-23 所示。

(2) 环形阵列:设置阵列的中心点、阵列的个数、阵列的角度、是否旋转阵列中的对象,环形阵列结果如图 3-24 所示。

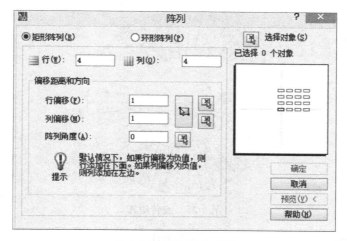

图 3-22 "阵列"对话框

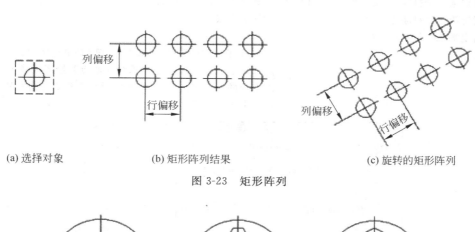

(a) 选择对象   (b) 矩形阵列结果   (c) 旋转的矩形阵列

图 3-23 矩形阵列

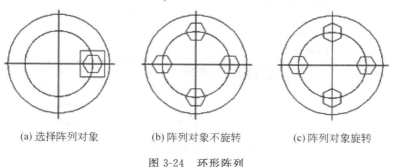

(a) 选择阵列对象   (b) 阵列对象不旋转   (c) 阵列对象旋转

图 3-24 环形阵列

练习 3-3：绘制如图 3-25 所示的旋转楼梯。

操作步骤如下：

```
命令：L
LINE 指定第一点：
指定下一点或 [放弃(U)]：                    //任意选择一点,绘制直线
指定下一点或 [放弃(U)]：@240<45
指定下一点或 [放弃(U)]：                    //结束命令
命令：BR                                    //在直线中点处打断
```

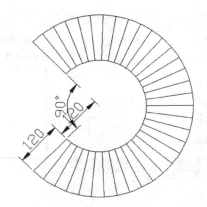

图 3-25　旋转楼梯

BREAK 选择对象：　　　　　　　　　　　//选择直线
指定第二个打断点 或 [第一点 (F)]：F　//选择第一打断点模式
指定第一个打断点：　　　　　　　　　　//捕捉中点
指定第二个打断点：@

命令：AR　　　　　　　　　　　//打开"阵列"对话框，选择"环形阵列"单选按钮，设置参数
　　　　　　　　　　　　　　　//如图 3-26 所示，注意拾取的中心点是绘图区域中直线的
　　　　　　　　　　　　　　　//上面的点。单击"选择对象"按钮，选择要阵列的从中点
　　　　　　　　　　　　　　　//到下面端点的直线进行阵列

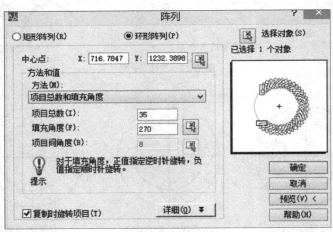

图 3-26　"阵列"对话框

//利用起点、端点、角度法绘制楼梯内弧和外弧
命令：_arc 指定圆弧的起点或 [圆心 (C)]：
指定圆弧的第二个点或 [圆心 (C)/端点 (E)]：_e
指定圆弧的端点：
指定圆弧的圆心或 [角度 (A)/方向 (D)/半径 (R)]：_a
指定包含角：270
命令：_arc 指定圆弧的起点或 [圆心 (C)]：
指定圆弧的第二个点或 [圆心 (C)/端点 (E)]：_e
指定圆弧的端点：

指定圆弧的圆心或 [角度(A)/方向(D)/半径(R)]：_a
指定包含角：270

//删除多余的直线
命令：_.erase 找到 1 个

3.9　延伸

延伸是指把选择的图形延伸到指定的边界。延伸的命令为 EXTEND 或 EX，该命令与 TRIM 命令有雷同之处。

注意：

（1）应先指定延伸边界线，再逐个选择延伸对象。

（2）延伸的边界线可以使用任意的对象选择方法进行选择，当所有的边界选择完毕后按 Enter 键表示选择集结束。

（3）延伸对象一般用点选择的方式。

（4）对象沿着离选择点最近的那个端点方向延伸，直到与指定边界线之一准确相交，如图 3-27 所示。

（5）图形绘制和编辑修改的结果对于选择对象的点的位置具有依从关系。

（6）只有开放的多段线才能延伸，其宽度会自动得到修正，如图 3-28 所示。

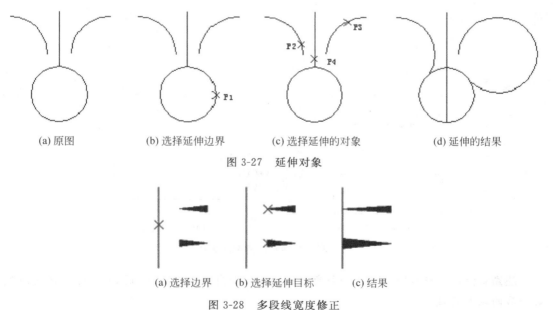

(a) 原图　　　　(b) 选择延伸边界　　　(c) 选择延伸的对象　　　(d) 延伸的结果

图 3-27　延伸对象

(a) 选择边界　　(b) 选择延伸目标　　(c) 结果

图 3-28　多段线宽度修正

3.10　旋转

旋转是指把选择的图形旋转指定的角度，也可以用参考方式，把要旋转的图形旋转成与另一个图形平行。旋转的命令为 ROTATE 或 RO。旋转通常有两种方式：绝对角度方式和参照角度方式。

（1）绝对角度方式需要选择要旋转的图形，然后确定旋转的基点，最后输入旋转的角度。

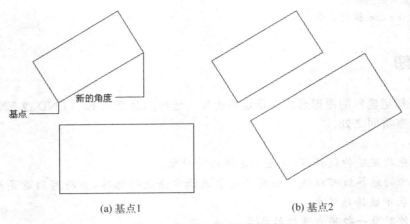

(a) 基点1   (b) 基点2

图 3-29　旋转的基点不同选择

（2）参照角度方式适用于角度未知、需要旋转当前图形和参照图角度相同的情况，如图 3-29 所示。这里有两种方法：一种是基点在矩形外，矩形的位置可以偏移；另一种是基点必须在当前矩形上，如图 3-30 所示。

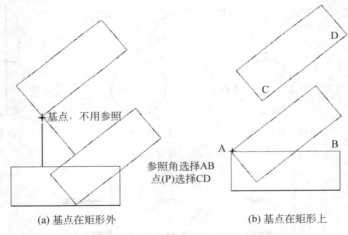

(a) 基点在矩形外   (b) 基点在矩形上

图 3-30　参照角度的两种方法

注意：指定参照角即选择第一条角边线。指定新角度或者点(P)时，可以输入该角边线旋转后的绝对角度。

3.11　拉伸

拉伸是指移动图形的某一局部而保持图形原有各部分的连接关系不变。拉伸效果如图 3-31 所示。拉伸的命令为 STRETCH 或 S。

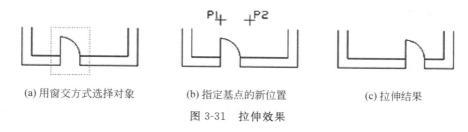

| (a) 用窗交方式选择对象 | (b) 指定基点的新位置 | (c) 拉伸结果 |

图 3-31 　拉伸效果

注意：

（1）选择拉伸的对象时,必须采用交叉窗口或交叉多边形的方式(即自右下角往左上角拖拉选择)进行选择。

（2）在窗口内的顶点将按 STRETCH 命令产生精确的位移,而窗口以外的顶点保持不变,图形原有的连接关系保持不变(直线仍为直线,圆弧仍为圆弧)。

3.12　缩放

缩放是指缩小或放大选定的图形,这种缩放是图形的真实尺寸的缩小与放大,如图 3-32 所示;而 ZOOM 命令是图形相对于屏幕的缩小与放大,图形的真实尺寸不变。"缩放"命令常常应用于放大图框,如果选用 A4 纸打印,图纸比例为 1∶100,则需要将 A4 纸的大小放大 100 倍绘制图框;否则,纸张的尺寸太小,无法框住真实的尺寸图。缩放的命令为 SCALE 或 SC。

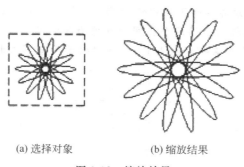

| (a) 选择对象 | (b) 缩放结果 |

图 3-32 　缩放效果

注意：

（1）基点理论上可选在图形的任何地方,但在实际操作中常选在中心点或左下角点。

（2）只能进行 X、Y 和 Z 方向相同的比例变换。

3.13　打断

打断是指在指定点之间断开图形。打断的命令为 BREAK 或 BR。

根据第一点的位置,打断有两种方式。

（1）选择打断图形时的单击点即为第一打断点。

（2）选择要打断的图形,输入 F,按 Enter 键,重新确定要打断的第一点,然后确定要打断的第二点,如图 3-33 所示。

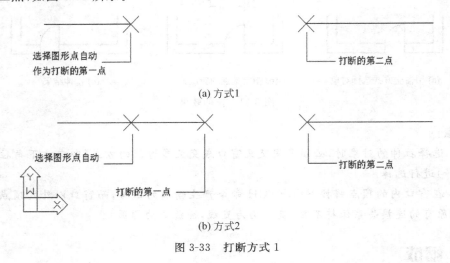

(a) 方式1

(b) 方式2

图 3-33　打断方式 1

注意:

(1) 系统使用选择点作为起点,用指定的第二打断点作为端点,删除两点间部分。

(2) 若用 F 回答,则系统将提示输入第一打断点和第二打断点,删除两点间部分。

(3) 在指定两打断点时可以使用对象捕捉方式捕捉对象上的特征点。

(4) 第二打断点并不一定在对象上,系统自动找出对象上离第二打断点最近的端点,如第二点在线上的投影点。

(5) 若只想将对象一分为二而不进行任何删除,可在 AutoCAD 请求第二打断点时,输入"@0,0"或@(上一点坐标),则用两个相同的点作为分隔点。

(6) 当打断圆时,删除从第一打断点 P1 沿逆时针方向至第二打断点 P2 的一段圆弧,如图 3-34 所示。

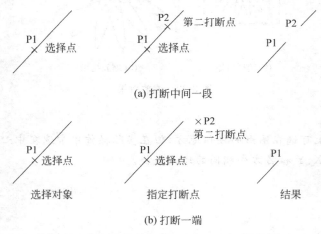

(a) 打断中间一段

(b) 打断一端

图 3-34　打断方式 2

第 4 章

尺 寸 标 注

　　图样上除了画出建筑物和其各部分的形状外,还必须准确、详尽和清晰地标注尺寸,以确定其大小,作为施工时的依据。尺寸标注可以明确建筑物的实际大小和各部分的相对位置。

　　国家标准规定,图样上标注的尺寸,除标高及总平面图以米(m)为单位外,其余一律以毫米(mm)为单位,图上尺寸数字都不再注写单位。本书文字和插图中的数字,如没有特别注明单位,也一律以毫米为单位。图样上的尺寸应以所注尺寸数字为准,不得从图上直接量取。

4.1　标注样式

　　标注样式是做尺寸标注时必须使用的,默认系统中使用的是 Standard,在真正绘图时应根据需要在这个基础上进行修改。尺寸标注的样式设置需要在"标注样式管理器"对话框中设置。

　　(1) 执行"格式"→"标注样式"命令,打开"标注样式管理器"对话框,如图 4-1 所示。标注样式用来控制尺寸标注的外观,使得在图样中标注的尺寸样式、风格保持一致。

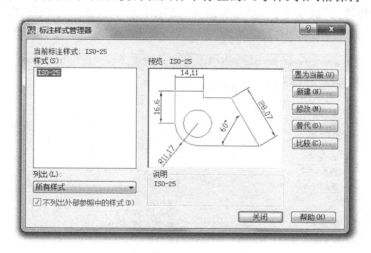

图 4-1　"标注样式管理器"对话框

　　单击"新建"按钮,打开如图 4-2 所示的对话框,给标注样式命名。

　　(2)"直线"选项卡。单击"继续"按钮,打开"新建标注样式"对话框,在"直线"选项卡中,可以控制尺寸标注的几何特性,设置尺寸线、尺寸界线的几何参数,如图 4-3 所示。

图 4-2 "创建新标注样式"对话框

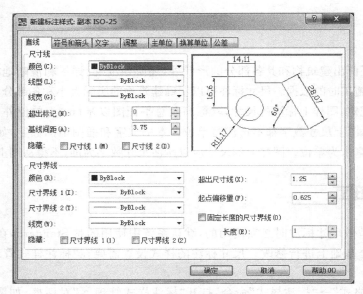

图 4-3 "直线"选项卡

（3）"符号和箭头"选项卡。"符号和箭头"选项卡用于设置尺寸线终端的形状及大小，如图 4-4 所示。

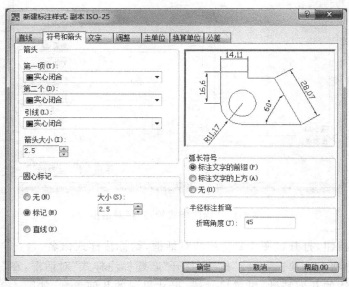

图 4-4 "符号和箭头"选项卡

（4）"文字"选项卡。"文字"选项卡用于设置尺寸文本的样式、位置和对齐方式等特性。

（5）"调整"选项卡。"调整"选项卡用于控制尺寸文本、尺寸线、尺寸界线终端和指引线的放置，如图 4-5 所示。

图 4-5 "调整"选项卡

（6）"主单位"选项卡。"主单位"选项卡用于设置尺寸标注主单位的单位格式和精度，同时还能设置尺寸文本的前缀和后缀。

（7）"换算单位"选项卡。"换算单位"选项卡用于设置是否显示换算单位，如果显示，需要设置换算单位的单位格式和精度等。

（8）"公差"选项卡。"公差"选项卡用于设置尺寸公差的样式和尺寸偏差值。设置完毕后，单击"确定"按钮，返回"标注样式管理器"对话框，并单击"置为当前"按钮，如图 4-6所示。

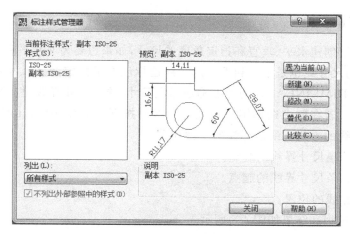

图 4-6 确定新样式

4.2　标注类型

尺寸标注命令比较多,建议使用图标菜单的方法进行选择。尺寸标注由尺寸线、尺寸界线、箭头、尺寸文本组成,具有以下两个特点。

(1) 尺寸标注在当前层上生成。

(2) 在标注尺寸的同时,AutoCAD 自动开设一个名为 defpoint 的层,用于放置尺寸块的插入点,在该层上的图形只能显示,不能打印。

常用的标注类型有线性标注(水平标注和垂直标注)、对齐标注、半径标注、直径标注、角度标注、基线标注、连续标注,如图 4-7 所示。

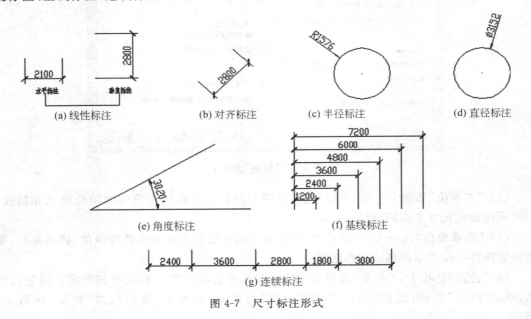

图 4-7　尺寸标注形式

4.2.1　线性标注

线性标注用于创建水平、垂直和指定角度的尺寸,如果想要为非水平和非垂直的对象进行标注,标注出的尺寸线也是水平和垂直的。线性标注要求指定两条尺寸界线的起点。线性标注的命令为 DIMLINEAR。为了准确地标注尺寸,选择尺寸界线时应采用目标捕捉方式拾取图形对象。若在要求选择第一条尺寸界线时按 Enter 键,则 AutoCAD 采用选择对象来指定尺寸界线的方式。线性标注的步骤如下。

(1) 指定第一条尺寸界线的起点。

(2) 指定第二条尺寸界线的起点。

(3) 确定尺寸线的位置。

线性标注的过程和结果如图 4-8 所示。

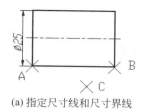 

(a) 指定尺寸线和尺寸界线   (b) 标注结果

图 4-8 线性标注

4.2.2 对齐标注

对齐标注可以创建与指定位置或对象平行的标注。在对齐标注中,尺寸线平行于尺寸界线原点连成的直线。对齐标注可以理解为非水平和垂直的标注。对齐标注的命令为 DIMALIGNED。对齐标注的过程及结果如图 4-9 所示。

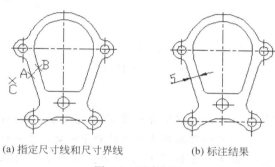

(a) 指定尺寸线和尺寸界线   (b) 标注结果

图 4-9 对齐标注

注意:

(1) AutoCAD 自动计算两个尺寸界线起点的几何参数,尺寸线与两个尺寸界线的起点构成的直线平行。

(2) 若在提示"选择第一条尺寸界线原点"时按 Enter 键,则 AutoCAD 将会要求直接选择一个图形对象进行对齐标注。

4.2.3 坐标标注

坐标标注是对点的坐标进行标注。坐标标注沿着引线显示某点的 X 或 Y 坐标。AutoCAD 使用当前 UCS(用户坐标系)决定测量的 X 或 Y 坐标,并且在与当前 UCS 轴正交的方向绘制引线。坐标一般采用绝对坐标值。坐标标注的命令为 DIMORDINATE。

4.2.4 半径标注

半径标注是对圆或圆弧的半径进行标注。AutoCAD 会自动测量出所选择的圆或圆弧的半径值作为尺寸标注的默认值,并为默认值加上前缀 R。半径标注的命令为 DIMRADIUS。

注意:

(1) DIMRADIUS 命令执行过程中并未要求指定尺寸界线,AutoCAD 自动地把圆或圆弧的轮廓线作为一条尺寸界线,而尺寸线则为执行过程中指定尺寸线位置定义点上的径向线。

（2）DIMRADIUS 命令只能标注圆形的半径。一般情况下圆弧包含角度大于180°的标注直径，同心对称的圆弧标注直径，其他圆弧标注半径。

4.2.5 直径标注

直径标注是对圆或圆弧的直径进行标注。选择圆或圆弧为标注对象，AutoCAD 会自动测量出该圆或圆弧的直径值为尺寸标注的默认值，并将默认值加上前缀 φ，如图 4-10 所示。直径标注的命令为 DIMDIAMETER。

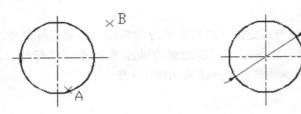

(a) 拾取对象点A并指定尺寸线位置点B   (b) 标注结果

图 4-10　直径标注

注意：

（1）DIMDIAMETER 命令执行过程中并未要求指定尺寸界线，AutoCAD 自动地把圆或圆弧的轮廓线作为尺寸界线，而尺寸界线则为执行过程中指定尺寸线位置定义点上的径向线。

（2）非圆视图中直径的标注方法如图 4-11 所示。该图是个圆柱形的横截图，标注 AB 需要注明这是个圆形。可以选中标注文字，在命令提示行下输入 DDEDIT，在标注的数值前面加上％％c。

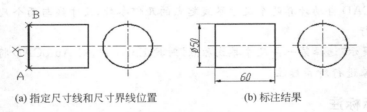

(a) 指定尺寸线和尺寸界线位置   (b) 标注结果

图 4-11　非圆视图的直径标注

4.2.6 角度标注

角度标注是对角度进行标注。角度标注的命令为 DIMANGULAR。在角度标注时需要根据选择对象的类型做相应的标注。

（1）选择圆弧，对弧的包含角进行标注，如图 4-12 所示。

（2）选择圆，圆心为角度顶点，圆的拾取点为角度一边经过的点，再提示指定第二点，该点为角度另一边经过的点，对这三点形成的角度进行标注。

（3）选择直线，再提示选择另一条直线，对由两直线形成的角度进行标注，如图 4-13 所示。

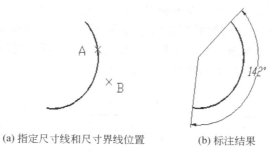

(a) 指定尺寸线和尺寸界线位置　　　　(b) 标注结果

图 4-12　圆弧角度的标注

（4）按 Enter 键，指定三点，对三点形成的角度进行标注。

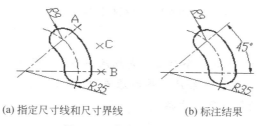

(a) 指定尺寸线和尺寸界线　　　　(b) 标注结果

图 4-13　直线夹角的标注

4.2.7　基线标注

基线标注又称为并联标注，是指根据一条基线绘制的一系列相关尺寸标注，所有需要标注的尺寸都具有相同的第一条尺寸界线，只是第二条尺寸界线不同，如图 4-14 所示。根据前一个尺寸的标注类型，基线尺寸标注可是角度标注、长度标注或坐标标注。基线标注的命令为 DIMBASELINE。

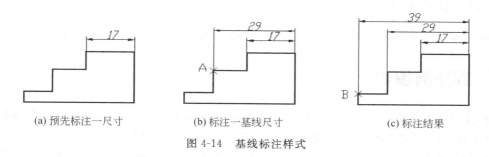

(a) 预先标注一尺寸　　　　(b) 标注一基线尺寸　　　　(c) 标注结果

图 4-14　基线标注样式

注意：

（1）应先标注一组线性尺寸。

（2）可在提示"指定选择第二条尺寸界线原点"时按 Enter 键，然后重新指定一条尺寸界线作为基线尺寸标注的第一条尺寸界线，并从该尺寸界线开始标注。

4.2.8　连续标注

连续标注又称为串联标注，是指尺寸线平齐、首尾相连的一组线性尺寸，后一个标注自动以前一个尺寸的第二条尺寸界线作为新尺寸的第一条尺寸界线,如图 4-15 所示。首先用线性标注的命令标注一个尺寸,然后用连续标注命令标注。连续标注只需要确定标注尺寸第二条尺寸界线位置。根据前一个尺寸标注类型,连续尺寸标注可以是角度标注、长度标注或坐标标注。连续标注的命令为 DIMCONTINUE。

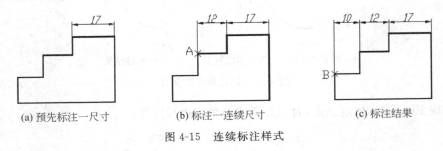

(a) 预先标注一尺寸　　　　(b) 标注一连续尺寸　　　　(c) 标注结果

图 4-15　连续标注样式

注意:

(1) 使用 DIMCONTINUE 命令前必须先标注一个线性尺寸。

(2) 可在提示"指定选择第二条尺寸界线原点"时按 Enter 键,然后重新指定一条尺寸界线作为连续尺寸标注的第一条尺寸界线。

4.2.9　引线

引线是从标注对象开始绘制一组相连的直线或样条曲线(称为引线)与标注文字连接。引线的命令为 LEADER 或 LE。

4.2.10　快速标注

可以选择多个对象快速创建一系列标注,即快速标注。快速标注的命令为 QDIM。

4.2.11　圆心标注

圆心标注是为圆或弧创建圆心标记或中心线。圆心标注的命令为 DIMCENTER。

4.3　标注的编辑

标注可以是关联的、无关联的或分解的。AutoCAD 默认情况下设置标注为关联标注,执行"工具"→"选项"命令,默认情况下勾选"使新标注与对象关联"。

当与关联标注相关联的几何对象被修改时,关联标注会自动调整其位置、方向和测量值。关联标注为在其测量的几何对象被修改时不发生改变。已分解的标注包含单个对象,而不是单个标注对象的集合。

4.3.1　DIMEDIT

DIMEDIT 命令编辑尺寸文本和尺寸界线,用于移动、旋转和替换现有尺寸注释,调整尺寸界线与尺寸线的夹角。可以修改标注的文字及位置,也可以使标注界线倾斜指定的角度,可同时修改多个标注。DIMEDIT 的使用方法如下。

（1）下拉菜单：执行"标注"→"倾斜"命令。

（2）工具栏：单击"标注"→"编辑标注"图标。

（3）命令行：DIMEDIT。

如果要修改如图 4-16 所示的尺寸效果，步骤如下。

（1）输入标注编辑类型：默认（H）/新建（N）/旋转（R）/倾斜（O）。

（2）选择对象（拾取尺寸对象）。

（3）选择对象：按 Enter 键（结束选择尺寸对象）。

（4）输入倾斜角度（按 Enter 键表示无）：60（输入尺寸界线与尺寸线的夹角值）。

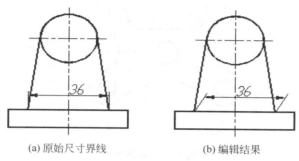

　　　　(a) 原始尺寸界线　　　　　　　　　(b) 编辑结果

图 4-16　编辑尺寸

4.3.2　DIMTEDIT

DIMTEDIT 命令可修改尺寸线、尺寸文本的位置、移动或旋转标注文字。但是，此命令一次只能修改一个尺寸标注。DIMTEDIT 的使用方法如下。

（1）下拉菜单：执行"标注"→"对齐文字"命令。

（2）工具栏：单击"标注"→"编辑标注文本"图标。

4.3.3　DDEDIT

DDEDIT 命令可以编辑文字。如果只需要修改文字的内容而无须修改文字对象的格式或特性，则使用 DDEDIT 命令。如果要修改内容、文字样式、位置、方向、大小、对正和其他特性，则使用 PROPERTIES 命令。

4.4　工程件标注实例

绘制如图 4-17 所示的图形，并添加标注。

操作步骤如下。

（1）绘制中轴线和 4 条水平直线，方便定位。

```
命令：L                                          //自上往下绘制垂直线
LINE 指定第一点：
指定下一点或 [放弃(U)]：<正交 开>
指定下一点或 [放弃(U)]：
```

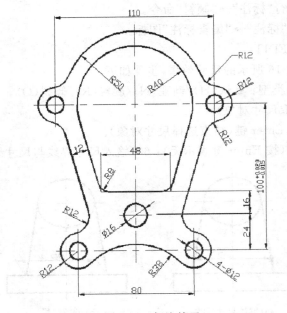

图 4-17　标注练习

命令：L　　　　　　　　　　　　　　　　　　　　　　　　　　　　　　//自左往右绘制水平线
LINE 指定第一点：
指定下一点或 [放弃(U)]：
指定下一点或 [放弃(U)]：
命令：O　　　　　　　　　　　　　　　　　　　　　　　　　　　　　//向上偏移
OFFSET
当前设置：删除源=否 图层=源 OFFSETGAPTYPE=0
指定偏移距离或 [通过(T)/删除(E)/图层(L)] <通过>：24
选择要偏移的对象，或 [退出(E)/放弃(U)] <退出>：　　　　　　　　　　//选择刚才绘制的直线
指定要偏移的那一侧上的点，或 [退出(E)/多个(M)/放弃(U)] <退出>：　　　//向上偏移
选择要偏移的对象，或 [退出(E)/放弃(U)] <退出>：　　　　　　　　　　//按空格键退出
命令：OFFSET
当前设置：删除源=否 图层=源 OFFSETGAPTYPE=0
指定偏移距离或 [通过(T)/删除(E)/图层(L)] <24.0000>：16
选择要偏移的对象，或 [退出(E)/放弃(U)] <退出>：　　　　　　　　　　//选择偏移出的直线
指定要偏移的那一侧上的点，或 [退出(E)/多个(M)/放弃(U)] <退出>：　　　//向上偏移
选择要偏移的对象，或 [退出(E)/放弃(U)] <退出>：　　　　　　　　　　//按空格键退出
命令：OFFSET
当前设置：删除源=否 图层=源 OFFSETGAPTYPE=0
指定偏移距离或 [通过(T)/删除(E)/图层(L)] <16.0000>：60
选择要偏移的对象，或 [退出(E)/放弃(U)] <退出>：　　　　　　　　　　//选择偏移出的直线
指定要偏移的那一侧上的点，或 [退出(E)/多个(M)/放弃(U)] <退出>：　　　//向上偏移
选择要偏移的对象，或 [退出(E)/放弃(U)] <退出>：　　　　　　　　　　//按空格键退出

（2）绘制圆心在中轴线上的小圆和两个半圆。

命令：C　　　　　　　　　　　　　　　　　　　　　　　//绘制中间下方的小圆，半径为 8

CIRCLE 指定圆的圆心或 [三点(3P)/两点(2P)/相切、相切、半径(T)]:
指定圆的半径或 [直径(D)]: 8

命令: C   //绘制中间上方的半圆,半径分别为
                                                          //40和50,最后使用"修剪"命令

CIRCLE 指定圆的圆心或 [三点(3P)/两点(2P)/相切、相切、半径(T)]:
指定圆的半径或 [直径(D)] <8.0000>: 40

命令: CIRCLE 指定圆的圆心或 [三点(3P)/两点(2P)/相切、相切、半径(T)]:
指定圆的半径或 [直径(D)] <40.0000>: 50

(3) 绘制两条垂直线,以确定最下方左右两个小圆的圆心。

命令: O
OFFSET
当前设置: 删除源=否 图层=源 OFFSETGAPTYPE=0
指定偏移距离或 [通过(T)/删除(E)/图层(L)] <60.0000>: 40

选择要偏移的对象,或 [退出(E)/放弃(U)] <退出>:   //选择中轴线
指定要偏移的那一侧上的点,或 [退出(E)/多个(M)/放弃(U)] <退出>: //向左单击
选择要偏移的对象,或 [退出(E)/放弃(U)] <退出>:   //选择中轴线
指定要偏移的那一侧上的点,或 [退出(E)/多个(M)/放弃(U)] <退出>: //向右单击
选择要偏移的对象,或 [退出(E)/放弃(U)] <退出>:   //按空格键退出

(4) 绘制最下方左右两个小圆和外侧的半圆。

命令: C
CIRCLE 指定圆的圆心或 [三点(3P)/两点(2P)/相切、相切、半径(T)]:
指定圆的半径或 [直径(D)] <50.0000>: 12

命令: C
CIRCLE 指定圆的圆心或 [三点(3P)/两点(2P)/相切、相切、半径(T)]:
指定圆的半径或 [直径(D)] <12.0000>: 12

命令: C
CIRCLE 指定圆的圆心或 [三点(3P)/两点(2P)/相切、相切、半径(T)]:
指定圆的半径或 [直径(D)] <12.0000>: 6

命令: C
CIRCLE 指定圆的圆心或 [三点(3P)/两点(2P)/相切、相切、半径(T)]:
指定圆的半径或 [直径(D)] <6.0000>: 6

(5) 绘制两条垂直线,以确定最下方左右两个小圆的圆心。

命令: O
OFFSET
当前设置: 删除源=否 图层=源 OFFSETGAPTYPE=0

指定偏移距离或 [通过(T)/删除(E)/图层(L)] <40.0000>: 55

选择要偏移的对象,或 [退出(E)/放弃(U)] <退出>:   //选择中轴线
指定要偏移的那一侧上的点,或 [退出(E)/多个(M)/放弃(U)] <退出>: //向左
选择要偏移的对象,或 [退出(E)/放弃(U)] <退出>:   //选择中轴线
指定要偏移的那一侧上的点,或 [退出(E)/多个(M)/放弃(U)] <退出>: //向右

(6) 绘制上方左右两个小圆和外侧的半圆。

命令: C
CIRCLE 指定圆的圆心或 [三点(3P)/两点(2P)/相切、相切、半径(T)]:
指定圆的半径或 [直径(D)] <6.0000>: 12

命令: CIRCLE 指定圆的圆心或 [三点(3P)/两点(2P)/相切、相切、半径(T)]:
指定圆的半径或 [直径(D)] <12.0000>: 12

命令: C
CIRCLE 指定圆的圆心或 [三点(3P)/两点(2P)/相切、相切、半径(T)]:
指定圆的半径或 [直径(D)] <12.0000>: 6

命令: C
CIRCLE 指定圆的圆心或 [三点(3P)/两点(2P)/相切、相切、半径(T)]:
指定圆的半径或 [直径(D)] <6.0000>: 6

(7) 绘制下方半径为 38 的圆弧。

命令: _circle 指定圆的圆心或 [三点(3P)/两点(2P)/相切、相切、半径(T)]: _ttr
指定对象与圆的第一个切点: //选择下方半径为 12 的
        //两个圆
指定对象与圆的第二个切点:
指定圆的半径 <12.0000>: 38

(8) 绘制上下两部分的连接直线。

命令: L   //绘制长度为 48 的直线
LINE 指定第一点: //选择中轴点
指定下一点或 [放弃(U)]: 24   //向左绘制 24
指定下一点或 [放弃(U)]:
命令: LINE 指定第一点: //选择中轴点
指定下一点或 [放弃(U)]: 24   //向右绘制 24
指定下一点或 [放弃(U)]:   //按空格键退出
//自当前直线两端分别绘制向上方圆的切线,需要打开对象捕捉,勾选切点
命令: L
LINE
指定第一点: //选择左侧端点
指定下一点或 [放弃(U)]:   //选择左侧切点
指定下一点或 [放弃(U)]:   //按空格键结束
命令: LINE 指定第一点: //选择右侧端点

指定下一点或［放弃(U)］:   //选择右侧切点

指定下一点或［放弃(U)］:   //按空格键结束

//偏移切线

命令:O

OFFSET

当前设置:删除源=否 图层=源 OFFSETGAPTYPE=0

指定偏移距离或［通过(T)/删除(E)/图层(L)］<55.0000>:12

选择要偏移的对象,或［退出(E)/放弃(U)］<退出>:   //选择左侧切线

指定要偏移的那一侧上的点,或［退出(E)/多个(M)/放弃(U)］<退出>: //向左偏移

选择要偏移的对象,或［退出(E)/放弃(U)］<退出>:   //选择右侧切线

指定要偏移的那一侧上的点,或［退出(E)/多个(M)/放弃(U)］<退出>: //向右偏移

（9）绘制所有的倒角圆弧。

命令:F

FILLET

当前设置:模式 =修剪,半径 =8.0000

选择第一个对象或［放弃(U)/多段线(P)/半径(R)/修剪(T)/多个(M)］:R

指定圆角半径 <8.0000>:12

选择第一个对象或［放弃(U)/多段线(P)/半径(R)/修剪(T)/多个(M)］:

选择第一个对象或［放弃(U)/多段线(P)/半径(R)/修剪(T)/多个(M)］:

选择第二个对象,或按住 Shift 键选择要应用角点的对象:

命令:FILLET

当前设置:模式 =修剪,半径 =12.0000

选择第一个对象或［放弃(U)/多段线(P)/半径(R)/修剪(T)/多个(M)］:

选择第二个对象,或按住 Shift 键选择要应用角点的对象:

命令:FILLET

当前设置:模式 =修剪,半径 =12.0000

选择第一个对象或［放弃(U)/多段线(P)/半径(R)/修剪(T)/多个(M)］:

选择第二个对象,或按住 Shift 键选择要应用角点的对象:

命令:FILLET

当前设置:模式 =修剪,半径 =12.0000

选择第一个对象或［放弃(U)/多段线(P)/半径(R)/修剪(T)/多个(M)］:

选择第二个对象,或按住 Shift 键选择要应用角点的对象:

命令:FILLET

当前设置:模式 =修剪,半径 =12.0000

选择第一个对象或［放弃(U)/多段线(P)/半径(R)/修剪(T)/多个(M)］:

选择第二个对象,或按住 Shift 键选择要应用角点的对象:

命令:FILLET

当前设置:模式 =修剪,半径 =12.0000

选择第一个对象或［放弃(U)/多段线(P)/半径(R)/修剪(T)/多个(M)］:

选择第二个对象,或按住 Shift 键选择要应用角点的对象:

命令:FILLET

当前设置:模式 =修剪,半径 =12.0000

选择第一个对象或［放弃(U)/多段线(P)/半径(R)/修剪(T)/多个(M)］:R

指定圆角半径 <12.0000>: 8
选择第一个对象或 [放弃 (U)/多段线 (P)/半径 (R)/修剪 (T)/多个 (M)]:
选择第二个对象,或按住 Shift 键选择要应用角点的对象:
命令: FILLET
当前设置: 模式 =修剪,半径 =8.0000
选择第一个对象或 [放弃 (U)/多段线 (P)/半径 (R)/修剪 (T)/多个 (M)]:
选择第二个对象,或按住 Shift 键选择要应用角点的对象:

(10) 利用修剪工具整理图纸。

命令: TR
TRIM
当前设置:投影=UCS,边=无
选择剪切边 ...
选择对象或 <全部选择>:指定对角点:找到 32 个　　　　　　　　　　//选择所有的对象

选择对象:　　　　　　　　　　　　　　　　　　　　　　　　　　//重复选择要修剪的对象
选择要修剪的对象,或按住 Shift 键选择要延伸的对象,或 [栏选 (F)/窗交 (C)/投影 (P)/边 (E)/删除 (R)/放弃 (U)]:

//整理图纸,删除孤立对象
命令: _.erase 找到 2 个

(11) 添加标注。

命令: DIMLINEAR　　　　　　　　　　　　　　　　　　　　　　//线性标注
指定第一条尺寸界线原点或 <选择对象>:
指定第二条尺寸界线原点:
指定尺寸线位置或 [多行文字 (M)/文字 (T)/角度 (A)/水平 (H)/垂直 (V)/旋转 (R)]:
标注文字 =80
命令: DIMLINEAR
指定第一条尺寸界线原点或 <选择对象>:
指定第二条尺寸界线原点:
指定尺寸线位置或 [多行文字 (M)/文字 (T)/角度 (A)/水平 (H)/垂直 (V)/旋转 (R)]:
标注文字 =24
命令: DIMCONTINUE　　　　　　　　　　　　　　　　　　　　//连续标注
选择连续标注:
指定第二条尺寸界线原点或 [放弃 (U)/选择 (S)] <选择>:
标注文字 =16
指定第二条尺寸界线原点或 [放弃 (U)/选择 (S)] <选择>:
标注文字 =60
指定第二条尺寸界线原点或 [放弃 (U)/选择 (S)] <选择>:
命令: DIMLINEAR
指定第一条尺寸界线原点或 <选择对象>:
指定第二条尺寸界线原点:
指定尺寸线位置或 [多行文字 (M)/文字 (T)/角度 (A)/水平 (H)/垂直 (V)/旋转 (R)]:
标注文字 =110

命令：DIMLINEAR

指定第一条尺寸界线原点或 <选择对象>：

指定第二条尺寸界线原点：<正交 关>

指定尺寸线位置或 [多行文字 (M)/文字 (T)/角度 (A)/水平 (H)/垂直 (V)/旋转 (R)]：

标注文字 =48

命令：DIMALIGNED   //对齐标注

指定第一条尺寸界线原点或 <选择对象>：

指定第二条尺寸界线原点：>>

指定尺寸线位置或 [多行文字 (M)/文字 (T)/角度 (A)]：

标注文字 =12

//标注圆和圆弧的直径

命令：DIMDIAMETER

选择圆弧或圆：

标注文字 =16

指定尺寸线位置或 [多行文字 (M)/文字 (T)/角度 (A)]：

命令：DIMDIAMETER

选择圆弧或圆：

标注文字 =12

指定尺寸线位置或 [多行文字 (M)/文字 (T)/角度 (A)]：

//标注圆和圆弧的半径

命令：DIMRADIUS

选择圆弧或圆：

标注文字 =38

指定尺寸线位置或 [多行文字 (M)/文字 (T)/角度 (A)]：

命令：DIMRADIUS

选择圆弧或圆：

标注文字 =12

指定尺寸线位置或 [多行文字 (M)/文字 (T)/角度 (A)]：

命令：DIMRADIUS

选择圆弧或圆：

标注文字 =12

指定尺寸线位置或 [多行文字 (M)/文字 (T)/角度 (A)]：

命令：DIMRADIUS

选择圆弧或圆：

标注文字 =12

指定尺寸线位置或 [多行文字 (M)/文字 (T)/角度 (A)]：

命令：DIMRADIUS

选择圆弧或圆：

标注文字 =12

指定尺寸线位置或 [多行文字 (M)/文字 (T)/角度 (A)]：

命令：DIMRADIUS

选择圆弧或圆：

标注文字 =12

指定尺寸线位置或 [多行文字(M)/文字(T)/角度(A)]:

命令: DIMRADIUS

选择圆弧或圆:

标注文字 =40

指定尺寸线位置或 [多行文字(M)/文字(T)/角度(A)]:

命令: DIMRADIUS

选择圆弧或圆:

标注文字 =50

指定尺寸线位置或 [多行文字(M)/文字(T)/角度(A)]:

命令: DIMRADIUS

选择圆弧或圆:

标注文字 =6

指定尺寸线位置或 [多行文字(M)/文字(T)/角度(A)]:

命令: DIMRADIUS

选择圆弧或圆:

标注文字 =12

指定尺寸线位置或 [多行文字(M)/文字(T)/角度(A)]:

命令: DIMRADIUS

选择圆弧或圆:

标注文字 =12

指定尺寸线位置或 [多行文字(M)/文字(T)/角度(A)]:

命令: DIMRADIUS

选择圆弧或圆:

标注文字 =12

指定尺寸线位置或 [多行文字(M)/文字(T)/角度(A)]:

命令: DIMRADIUS

选择圆弧或圆:

标注文字 =6

指定尺寸线位置或 [多行文字(M)/文字(T)/角度(A)]:

命令: DIMRADIUS

选择圆弧或圆:

标注文字 =12

指定尺寸线位置或 [多行文字(M)/文字(T)/角度(A)]:

//标注有公差的尺寸

命令: DIMLINEAR

指定第一条尺寸界线原点或 <选择对象>:

指定第二条尺寸界线原点: <正交 开>

创建了无关联的标注。

指定尺寸线位置或 [多行文字(M)/文字(T)/角度(A)/水平(H)/垂直(V)/旋转(R)]:

标注文字 =100

//选择尺寸文字,右击,弹出如图 4-18 所示快捷菜单

//执行"标注样式"→"另存为新样式"命令,将新标注样式命名为"公差",如图 4-19 所示

命令: AIDIMSTYLE

输入选项 [1/2/3/4/5/6/其他(O)/保存(S)] <1>: _O 找到 1 个

//选择标注菜单下的标注样式,弹出如图 4-20 所示对话框,修改参数如图

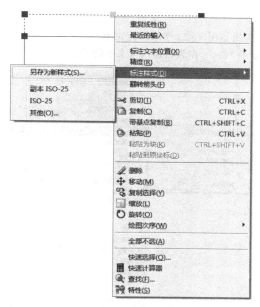

图 4-18 创建新样式

图 4-19 新样式名称

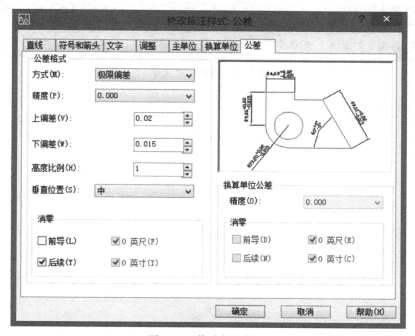

图 4-20 修改标注样式

命令：DIMSTYLE

//选择尺寸文字，右击，弹出如图 4-21 所示快捷菜单

//执行"标注样式"→"公差"命令，作为当前尺寸文字的样式

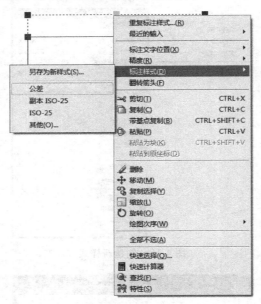

图 4-21　选择新的标注样式

//对于直径标注前加其他文字，可以先选择要修改的尺寸，再输入文字编辑命令

命令：DDEDIT　　　　　　　　//打开如图 4-22 所示的面板，在当前尺寸文字前添加"4-"

图 4-22　修改尺寸文字

Chapter 5

样 板 文 件

AutoCAD 软件提供了很多样板文件,但是这些样板文件是 Autodesk 公司开发的,不符合我国的国家标准,所以创建自己的样板图文件是十分必要的。

5.1 相关知识

根据国家标准 GB/T 50001—2010 中的规定,建筑工程的图纸必须按照一定的规范绘制,其幅面和图框的尺寸应该符合表 5-1 的规定。图纸基本幅面为 A0～A4,横式和立式的规格参照图 5-1 和图 5-2 所示。图纸以短边作为垂直边称为横式,以短边作为水平边称为立式。一般 A0～A3 图纸宜横式使用,必要时,也可立式使用。

表 5-1　图纸基本幅面尺寸/mm

幅面代号	A0	A1	A2	A3	A4
$B \times L$	841×1189	594×841	420×594	297×420	210×297
e	20	10			
c	10			5	
a	25				

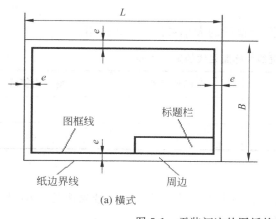

(a) 横式

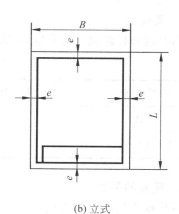

(b) 立式

图 5-1　无装订边的图纸的横式和立式

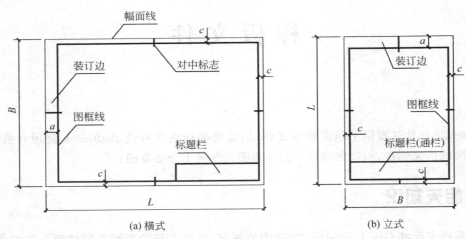

(a) 横式　　　　　　　　　　　(b) 立式

图 5-2　有装订边的图纸的横式和立式

图纸的短边一般不应加长,长边可加长,但应符合表 5-2 的规定。

表 5-2　图纸长边加长尺寸/mm

幅面代号	长边尺寸	长边加长后尺寸
A0	1189	1486、1635、1783、1932、2080、2230、2387
A1	841	1051、1261、1471、1682、1892、2102
A2	594	743、891、1041、1189、1338、1486、1635、1783、1932、2080
A3	420	630、841、1051、1261、1471、1682、1892

注:有特殊需要的图纸,可采用 $B×L$ 为 841mm×891mm 与 1189mm×1261mm 的幅面

1. 图框线

图框线和标题栏线的宽度,可根据图纸幅面的大小参照表 5-3 选用。

表 5-3　图框线和标题栏线的宽度/mm

图纸幅面	图框线	图标外框线	图标内框线
A0、A1	1.4	0.7	0.35
A2、A3、A4	1.0	0.7	0.35

2. 图幅的关系

各号幅面的尺寸关系是:沿上一号幅面的长边对裁,即为次一号幅面的大小,如图 5-3 所示。

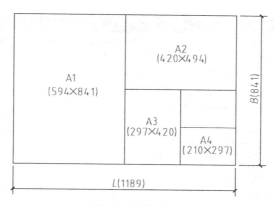

图 5-3 图幅关系

5.2 建立样板图

绘制 AutoCAD 图纸时,每次都要确定图幅、边框和标题栏。对于这些重复的设置,可以建立样板图,出图时直接调用,以提高绘图效率,避免重复劳动。

下面以学生绘图时常用的标题栏为例,介绍建立 A3 幅面样板图的方法。标题栏位于图纸右下角,与图框线相接,用于填写图名、制图人、设计单位、图号和比例等内容,如图 5-4 所示。

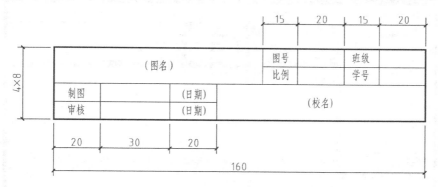

图 5-4 标题栏样式

操作步骤如下。

1. 创建新图形

(1)单击工具栏中的"新建"按钮,打开"选择样板"对话框,如图 5-5 所示。选择"文件名"下拉列表中的 acadiso.dwt 文件,单击"打开"按钮,新建一个 AutoCAD 文件。

(2)执行下拉菜单中的"格式"→"图形界限"命令,根据命令行指示指定左下角点为原点,右上角点为"420,297"。

(3)在命令行中输入 ZOOM 命令并按 Enter 键,选择"全部"选项,显示幅面全部范围。

注意:单击状态栏中的"栅格"按钮,可以查看图纸的全部范围。

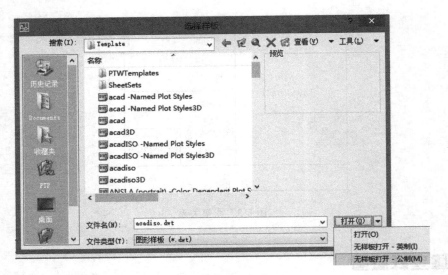

图 5-5　"选择样板"对话框

2. 设置图层

单击"图层"面板中的"图层特性"按钮,打开"图层特性管理器"对话框,设置图层,结果如图 5-6 所示。

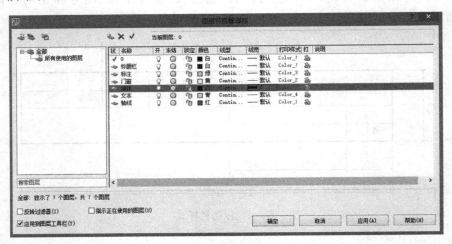

图 5-6　"图层特性管理器"对话框

3. 设置文字样式

单击"注释"面板中的"文字样式"按钮,或者在命令行中输入 STYLE 命令并按 Enter 键,打开"文字样式"对话框。建立两个文字样式:"汉字"样式和"数字"样式。"汉字"样式采用"仿宋-GB2312"字体,宽度因子设为 0.8,用于填写工程做法、标题栏、会签栏、门窗列表中的汉字样式等;"数字"样式采用 simplex.shx 字体,宽度因子设为 0.8,用于书写数字和特殊字符等。

4. 设置标注样式

单击"注释"面板中的"标注样式"按钮,打开"标注样式管理器"对话框,新建"建筑"标注样式,其设置方法同第 4 章。

5. 绘制图框和标题栏

将标题栏设置为当前层。单击"绘图"面板中的"矩形"按钮,命令行提示为:

命令:RECTANG
指定第一个角点或 [倒角(C)/标高(E)/圆角(F)/厚度(T)/宽度(W)]:0,0
指定另一个角点或 [面积(A)/尺寸(D)/旋转(R)]:@420,297

命令:REC
RECTANG
指定第一个角点或 [倒角(C)/标高(E)/圆角(F)/厚度(T)/宽度(W)]:25,5
指定另一个角点或 [面积(A)/尺寸(D)/旋转(R)]:@390,287

利用"直线""偏移"和"修剪"命令在图框线的右下角绘制标题栏,如图 5-7 所示。

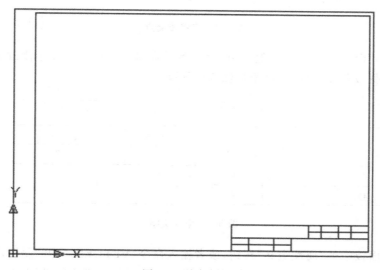

图 5-7 绘制标题栏

6. 输入标题栏内的文字并将其定义为带属性的块

将"汉字"样式设置为当前文字样式。

在命令行中输入 TEXT 命令并按 Enter 键,命令行提示为:

命令:TEXT
当前文字样式:数字 当前文字高度:2.5000
指定文字的起点或 [对正(J)/样式(S)]:S
输入样式名或 [?]<数字>:汉字
当前文字样式:汉字 当前文字高度:2.5000
指定文字的起点或 [对正(J)/样式(S)]:J   //输入选项
[对齐(A)/调整(F)/中心(C)/中间(M)/右(R)/左上(TL)/中上(TC)/右上(TR)/左中(ML)/正中

(MC)/右中(MR)/左下(BL)/中下(BC)/右下(BR)]:MC
指定文字的中间点：　　　　　　　　　　　　　//寻找两条对象追踪线的交点处,如图5-8所示
指定高度<2.5000>:3.5
指定文字的旋转角度<0>:
//按Enter键后,输入文字"制图",按Enter键两次结束命令

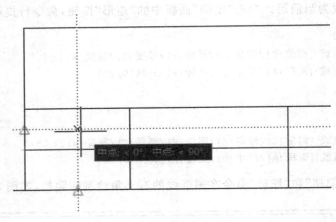

图5-8　追踪线交点

运用"复制"命令可以复制其他几组文字,然后在命令行中输入文字修改命令ED并按
Enter键,依次修改各文字内容,结果如图5-9所示。

图名		图号		来额	
		比例		学号	
制图		日期		学校	
审核		日期			

图5-9　输入文字

单击"块"面板中的"属性定义"按钮,或者输入命令ATTDEF,打开"属性定义"对话框,
设置其参数如图5-10所示,单击"确定"按钮,在绘图区之内拾取即将写入的文字所在位置
的正中点,结束块属性定义,结果如图5-11所示。

同样,可以为其他文字定义属性。"(图名)"的字高为5,其他文字的字高为3.5。

修改图框线的线宽为1,图标外框线的线宽为0.7,图标内格线的宽度为0.35,图框线
和标题栏线的宽度可参考表5-3。

单击"块"面板中的"创建块"按钮,或输入B命令,打开如图5-12所示的"块定义"对
话框。

在"名称"下拉列表框中选择块的名称"标题栏",单击"拾取点"按钮,捕捉标题栏的右下
角点作为块的基点;单击"选择对象"按钮,选择标题栏线及其内部文字,选择"删除"单选按
钮,单击"确定"按钮,结束块定义。

单击"块"面板中的"插入块"按钮,或者输入INSERT命令,打开"插入"对话框,如

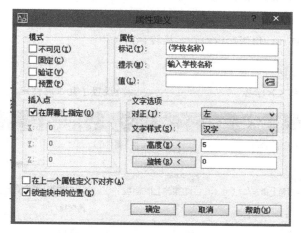

图 5-10 "属性定义"对话框

图 5-11 标题输入完毕

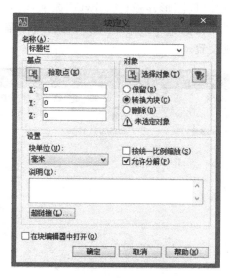

图 5-12 "块定义"对话框

图 5-13 所示。从"名称"下拉列表框中选择"标题栏",单击"确定"按钮,选择图框线的右下角为插入基点。右击并根据命令行提示输入各项参数,依次按 Enter 键。命令行提示如下:

命令: INSERT
指定插入点或 [基点(B)/比例(S)/X/Y/Z/旋转(R)]: B
输入属性值
(图名): 某住宅平面图
输入学校名称: 山东××学校   //设置了几个属性定义,就会出现几个提示信息

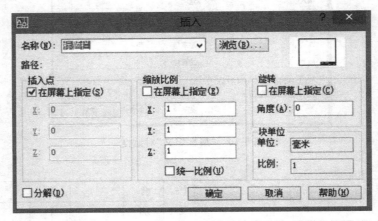

图 5-13　"插入"对话框

7. 将文件保存为样板图文件

单击工具栏中的"保存"按钮,打开"图形另存为"对话框,如图 5-14 所示。从"文件类型"下拉列表框中选择"AutoCAD 图形样板(＊.dwt)"选项,输入文件名"A3 建筑图模板",单击"保存"按钮,在打开的"样板说明"对话框中输入说明"A3 幅面建筑用模板",如图 5-15所示,单击"确定"按钮,完成设置。

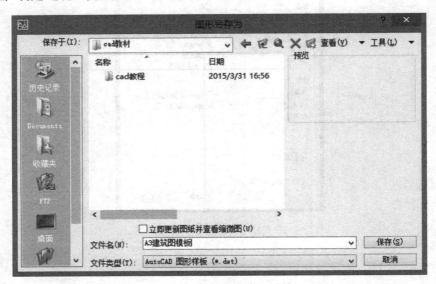

图 5-14　"图形另存为"对话框

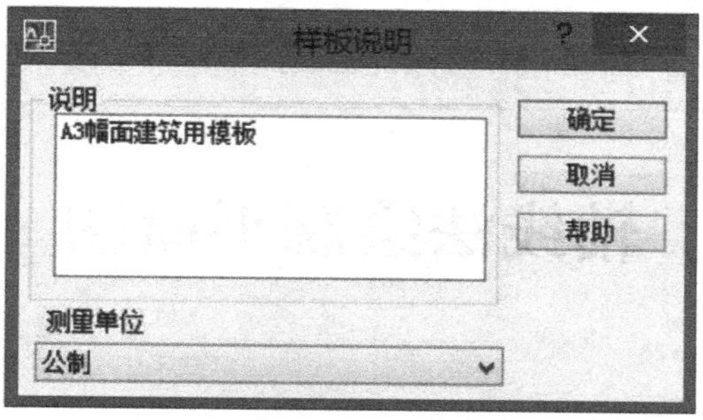

图 5-15 "样板说明"对话框

Chapter 6

轴线法绘制平面图

本章讲述如何使用轴线法绘制建筑平面图,此法一般适用于知道房屋的建筑结构图样、知道定位轴线的位置时。

建筑平面图是用假想的一个水平剖切平面沿着房屋门窗洞口位置把房屋剖开,移去上部之后,向水平面投影所做的正投影图。建筑平面图主要表达建筑物的平面形式,包括房间的布局、形状、大小和用途,墙、柱子的尺寸,门窗的类型、位置,以及各类构件的尺寸等。建筑平面图是施工放线、墙体砌砖、门窗安装和室内装修的依据。对于多层建筑,如中间层形式相同,则至少应绘制三种平面图:底层平面图、中间层平面图和顶层平面图。

6.1 轴线法绘制步骤

新建轴线、墙体、标注、门窗、图框(为每个图层设置一个独立的颜色,常用色为红、黄、绿、枚红、白,以便于识别),确定图框:公装(A2/A3)、家装(A3/A4),绘制放大 100 倍的图纸,如使用"矩形"命令(REC)(@42000,29700),此为比例是 1∶100 的 A3 图框,与标注同层。

1. 将图框和图面结合

图面的尺寸及位置不动,主要调整图框的大小和位置,使用"比例缩放"工具调整图框。

2. 根据图纸比例设置标注样式

(1)使用 ISO-25 作为基础样式新建一个标注样式,命名为"图纸类型+比例",如"平面标注 100"。

(2)直线和箭头选项:更改尺寸线及尺寸界线的颜色为随层(BYLAYER),箭头类型为"建筑标记",箭头大小为 1。

(3)文字选项:新建文字样式,字体改为仿宋-GB2312,文字样式改为新建样式。

(4)主单位选项:更改精度为 0。

(5)调整选项:更改全局比例为 100(根据比例调整)。

以上步骤经常重复设置,所以可以创建一个样本文件,创建步骤可以参考第 5 章。

3. 对轴线进行标识

标识垂直轴线用的数字,从左到右依次变大;标识水平轴线用的字母,从下到上依照字母顺序排列。数字及字母的输入使用文字工具,先确定输入的位置,再根据命令提示确定文字高度,输入内容。

4. 尺寸标注

从内至外,第一栏为窗户的详细标注,可以使用辅助线标记窗户位置,与轴线的端点平齐,使用"快速标注"标注;第二栏为轴线间距离标注,先使用"线性标注"标注第一个轴线间距,再使用"连续标注"标注;第三栏为总长度的标注,使用"线性标注"标注。

注意:栏与栏之间的间距保持相等或均匀。

5. 图名的绘制

在图面的下方,使用文字工具输入图纸名称及比例,文字的大小是标注文字大小的 2 倍(大小可以根据图面控制),格式如"平面图 SC;1:100",可以在图名及比例下方画两条线,下线为上线宽度的 1/3,两边长度比上面文字宽半字。

注意:在绘制过程中,要及时转换图层。

6.2 轴线法的绘制实例

用轴线法绘制如图 6-1 所示的平面图。

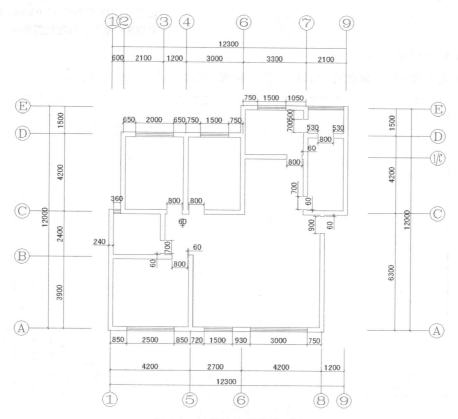

图 6-1 轴线法绘制的平面图

1. 设置绘图环境

(1)使用样板创建新图形文件。单击快速访问工具栏中的"新建"按钮,打开"选择样板"对话框。从"查找范围"下拉列表和"名称"列表框中选择第5章建立的样板文件"A3 建筑图模板.dwt"所在的路径并选中该文件,单击"打开"按钮进入 AutoCAD 绘图界面。

(2)设置绘图区域,执行"格式"→"图形界面"命令,命令行提示如下。

```
命令：LIMITS
重新设置模型空间界限：
指定左下角点或 [开(ON)/关(OFF)] <0.0000,0.0000>：  //按 Enter 键默认左下角坐标为"0,0"
指定右上角点 <420.0000,297.0000>：42000,29700      //指定右上角坐标
命令：<栅格 开>                                      //打开栅格看到范围
```

(3)放大图框和标题栏。命令行提示如下。

```
命令：SC
选择对象：指定对角点：找到 45 个                      //选择图框线和标题栏
选择对象：                                           //按空格键确定
指定基点：0,0                                        //指定"0,0"为基点
指定比例因子或 [复制(C)/参照(R)] <1.0000>：100        //指定比例因子为100,本例中采用
                                                    //1：1作图,而按 1：100 出图,所以
                                                    //设置的绘图范围是 42 000×29 700
                                                    //对应的图框线和标题栏需要放大100倍
```

(4)修改标题栏中的文本。

在标题栏中双击,修改各个属性的值。修改后的标题栏如图 6-2 所示。

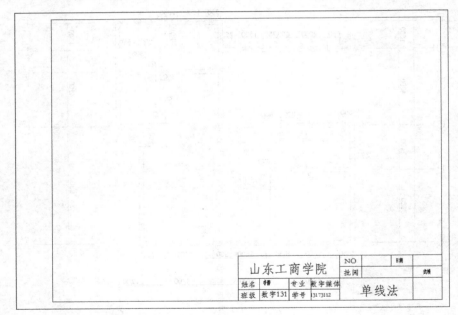

图 6-2　修改后的标题栏

2. 绘制轴线

(1)新建轴线图层,将轴线层设置为当前层,创建轴线,用"构造线"命令(观察命令行窗口的提示)创建水平和垂直的构造线各一条。输入命令并按 Enter 键,然后根据命令行提示

输入相应的快捷字母,执行相关的操作。根据轴线间的距离,使用"偏移"命令偏移出相应的轴线。第一次偏移后,如果找不到偏移出来的轴线,可以使用缩小工具(多次单击缩小图标)缩小图面。绘制的轴线如图 6-3 所示。

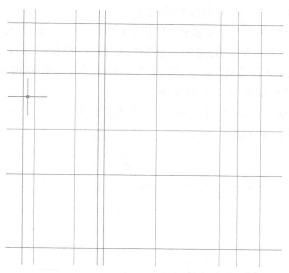

图 6-3 轴线图

(2) 创建墙体。

新建墙体图层,并置为当前图层。利用"多线"命令(ML)创建墙体,参照提示设置对正方式和比例,对正方式使用"无",比例设置为数量(240)。结束时,可根据提示使用闭合,在绘制过程中,出现单击位置错误,可以按 Ctrl+Z 组合键撤销上一步操作。绘制墙体的顺序为外墙→内墙(水平-垂直)→辅助墙体(非轴线墙/次要的墙体),可开启"对象捕捉"模式(捕捉轴线交点,确定具体位置),如果需要倒角,可使用"炸开"命令将墙体分解,使用"剪切""倒角"命令来连贯和闭合墙体。绘制的墙体如图 6-4 所示。

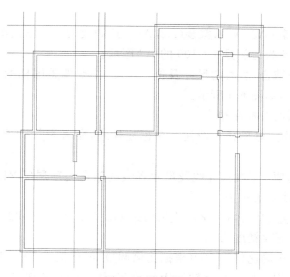

图 6-4 墙体图

（3）绘制门窗。

① 使用"直线"命令确定门的位置，在墙体的边缘（轴线）画线，线长和墙体厚度一致，使用"移动"命令将其移到合适位置，使用"偏移"命令偏移出门洞的尺寸（单开门800，双开门1600/1500），使用"剪切"命令将门洞部分修剪掉。

② 门的绘制：使用"矩形"命令设置门的尺寸（40×800），运用相对坐标（@X坐标，Y坐标）输入门的尺寸；门开启轨迹的绘制。使用"弧"命令，根据提示线确定圆心，再确定起点和端点。结合"镜像"命令、"旋转"命令、"复制"命令进行复制和调整位置。可以开启"正交（F8）"模式确保在水平和垂直方向上的操作。

③ 窗户的绘制：窗户位置的确定同门，窗户使用"多线"命令进行绘制，比例设为80。关闭轴线图层，绘制的门窗如图6-5所示。

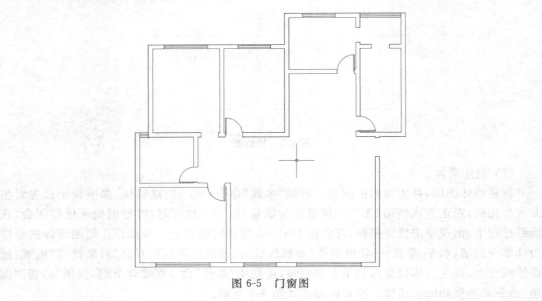

图6-5　门窗图

（4）标注。

① 确定图框：公装（A2/A3），家装（A3/A4），绘制放大100倍的图纸，如使用"矩形"命令（@42000,29700），此为比例是1∶100的A3图框。

② 将图框和图面结合，图面的尺寸及位置不动，主要调整图框的大小和位置，使用"比例缩放"工具调整图框，如图6-6所示。

③ 根据图纸比例设置标注样式。

- 使用ISO-25作为基础样式新建一个标注样式，命名为"图纸类型＋比例"，如"平面标注100"。
- 直线和箭头选项：更改尺寸线及尺寸界线的颜色为随层（BYLAYER），箭头类型为"建筑标记"，箭头大小为1。
- 文字选项：新建文字样式，字体改为仿宋-GB2312，文字样式改为新建样式。
- 主单位选项：更改精度为0。
- 调整选项：改全局比例为100（根据比例调整，如比例为50就改为50）。

④ 对轴线进行标识。标识垂直轴线用的数字，从左到右依次变大；标识水平轴线用的

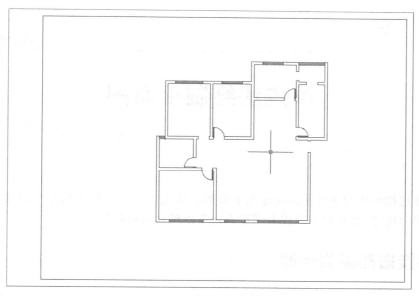

图 6-6　加图框

字母,从下到上依照字母顺序排列。数字及字母的输入使用文字工具,先确定输入的位置,再根据命令提示确定文字高度,输入内容。

⑤ 尺寸标注。

从内至外,第一栏为窗户的详细标注,可以使用辅助线标记窗户位置,与轴线的端点平齐,使用"快速标注"标注;第二栏为轴线间距离标注,先使用"线性标注"标注第一个轴线间距,再使用"连续标注"标注;第三栏为总长度的标注,使用"线性标注"标注。最终效果如图 6-7 所示。

注意:栏与栏之间的间距保持相等或均匀。

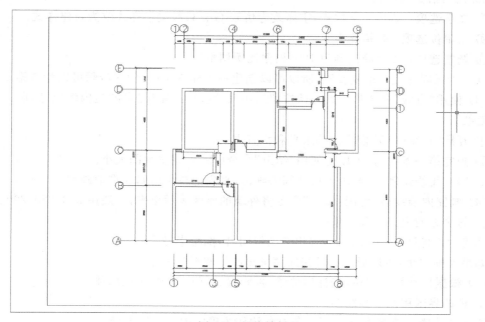

图 6-7　最终效果

Chapter 1

单线法绘制平面图

本章讲述如何使用单线法绘制建筑平面图。单线法一般适用于房子已经建好,需要直接测量屋内的尺寸,如装修公司或者需要测量室内尺寸和面积时。

7.1 单线法的绘制步骤

新建墙体、标注、门窗图层,确定图框:公装(A2/A3),家装(A3/A4),绘制放大100倍的图纸,如使用"矩形"命令(REC)(@42000,29700),此为比例是1:100的A3图框,与标注同层。

(1) 将图框和图面结合。

(2) 根据图纸比例设置标注样式。

① 使用ISO-25作为基础样式新建一个标注样式,命名为"图纸类型+比例",如"平面标注100"。

② 直线和箭头选项:更改尺寸线及尺寸界线的颜色为随层(BYLAYER),箭头类型为"建筑标记",箭头大小为1。

③ 文字选项:新建文字样式,字体改为仿宋-GB2312,文字样式改为新建样式。

④ 主单位选项:改精度为0。

⑤ 调整选项:改全局比例为100(根据比例调整)。

以上步骤因为经常重复设置,所以可以创建一个样本文件,创建步骤可以参考第5章。

(3) 使用"直线"命令从一点开始按照给出尺寸进行绘制(测量的是内墙尺寸,所以画的是内墙线)。

① 开启"正交(F8)"模式保持水平和垂直方向。

② 画完第一条线后,可以先使用"结束"命令(Esc),调整视图大小。

③ 继续用线绘制,门窗位置尺寸都需画出,直到把整个房间连贯地画完。

(4) 画完内墙线后,使用"偏移"命令将外墙的厚度表示出来,一般用240/280/200。

① 每个方向上只偏移一条线。

② 使用"倒角"命令(F)将偏移出来的线闭合,倒角半径为0。

如果光标太小,可以通过右键快捷菜单更改拾取框的大小。

(5) 根据尺寸画出门窗,先标出位置,再画窗、画门、门洞,不画门体。

① 窗的界限用线单独绘制。

② 转角的窗:在转角处绘制一条对角线作为确定中点的辅助线。

③ 绘制窗的多线的比例(多线的宽度)根据墙体的厚度来确定,如 240 厚度多线宽度为 80、200 厚度多线宽度为 60、120 厚度多线宽度为 40、100 厚度多线宽度为 30。

(6) 尺寸标注。

① 选择自己创建的建筑标注样式。

② 标注内墙尺寸:只标注每个房间的开间和进深以及窗户的尺寸,标注时按就近原则,再标注每个房间不规则的部分以及细节部分,直接标注在房间的内侧。

③ 标注外墙尺寸:从内至外,第一栏为窗户的详细标注,可以使用辅助线标记窗户位置,与轴线的端点平齐,使用"快速标注"标注;第二栏为轴线间距离标注,先使用"线性标注"标注第一个轴线间距,再使用"连续标注"标注;第三栏为总长度的标注,使用"线性标注"标注。

注意:栏与栏之间的间距保持相等或均匀。

(7) 图名的绘制。

在图面的下方,使用文字工具输入图纸名称及比例,文字的大小是标注文字大小的 2 倍 (大小可以根据图面控制),格式如"平面图 SC;1:100",名称较长时,可以将图名和比例分两行表示,图名在上,比例在下;比例的字体大小可以略小,中间用两条多段线分隔,第一条 多段线的宽度为比例数,第二条可以是第一条的 1/2、1/3、1/4,两边长度比上面文字宽半 个字。

7.2 单线法的绘制实例

用单线法绘制如图 7-1 所示的平面图。

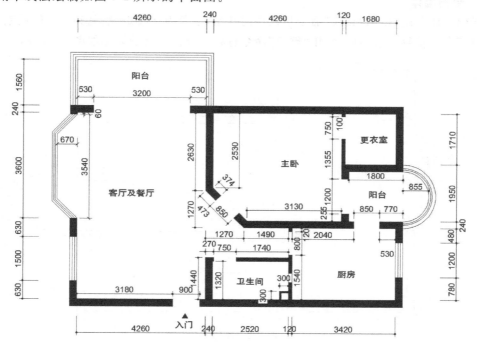

图 7-1 单线法绘制的平面图

1. 设置绘图环境

(1) 使用样板创建新图形文件。单击快速访问工具栏中的"新建"按钮,打开"选择样板"对话框。从"查找范围"下拉列表框和"名称"列表框中选择第 5 章建立的样板文件"A3建筑图模板.dwt"所在的路径并选中该文件,单击"打开"按钮进入 AutoCAD 绘图界面。

(2) 设置绘图区域,执行"格式"→"图形界面"命令,命令行提示如下。

```
命令: LIMITS
重新设置模型空间界限:
指定左下角点或 [开(ON)/关(OFF)] <0.0000,0.0000>:    //按 Enter 键默认左下角坐标为"0,0"
指定右上角点 <420.0000,297.0000>: 42000,29700       //指定右上角坐标
命令: <栅格 开>                                      //打开栅格看到范围
```

(3) 放大图框和标题栏。命令行提示如下。

```
命令: SC
选择对象: 指定对角点: 找到 45 个                       //选择图框线和标题栏
选择对象:                                            //按空格键确定
指定基点: 0,0                                        //指定"0,0"为基点
指定比例因子或 [复制(C)/参照(R)] <1.0000>: 100        //指定比例因子为100,本例中采用
//1∶1作图,而按 1∶100 出图,所以设置的绘图范围是 42 000×29 700,对应的图框线和标题栏
//需要放大 100 倍
```

(4) 修改标题栏中的文本。

在标题栏中双击,修改各个属性的值。

2. 绘制墙体

新建墙体图层,使用"直线"命令从入户门开始,沿着内墙线走,绘制到入户门结束,并使用"偏移"命令偏移出墙体厚度,用"倒角"命令进行闭合。绘制的墙体如图 7-2 所示。

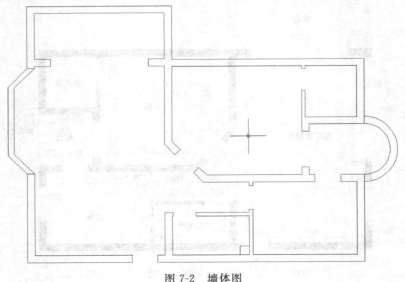

图 7-2　墙体图

3. 绘制门窗

新建门窗图层,利用"双线"命令绘制窗户,如图7-3所示。

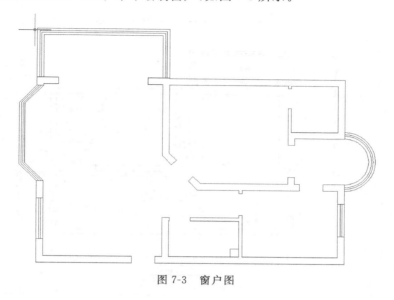

图7-3 窗户图

4. 尺寸标注

新建标注图层,绘制内墙尺寸和外部尺寸,如图7-4所示。

注意:图示的外部尺寸只加了第一道。

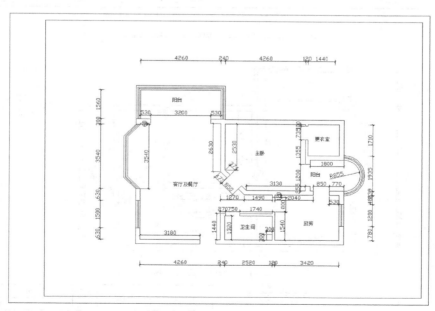

图7-4 尺寸图

5. 图名绘制

在图面的下方绘制图名,如图7-5所示。

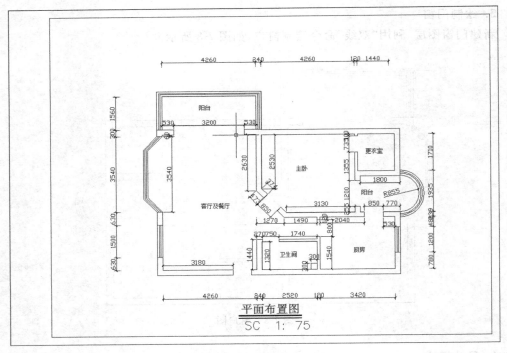

图 7-5　加上图名的平面图

结合标题框调整图的位置,最终效果如图 7-6 所示。

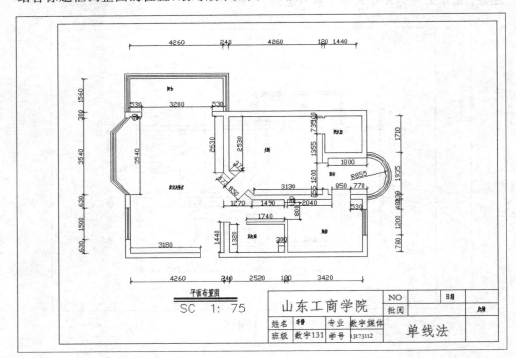

图 7-6　单线法绘制平面图

第8章

图块和块文件

8.1 相关概念

1. 图块的定义

图块是指由多个图形对象组成的实体，以一个名称来区分，该名称称为图块名。组成图块的图形对象可在不同的图层具有各自的线型和颜色。组成图块的图形对象形成一个整体，可以同时进行复制、移动、旋转和镜像等操作。

2. 使用图块的意义

使用图块可以加快绘图速度，方便编辑、修改以及节省存储空间。

8.2 块的操作

1. 创建块

使用"块定义"对话框定义图块。在对话框中指定块名称、基点，选择定义成块的对象，也可列出当前图形中已定义的所有图块。创建块的命令为 BLOCK。用 BLOCK 命令创建的图块只能在当前图形中使用。图块的绘制方法如下。

（1）命令行：BLOCK(B)。

（2）下拉菜单：执行"绘图"→"块"→"创建"命令，打开如图 8-1 所示的"块定义"对话框。

其中，图块名称要求最长为 255 个字符，可以包括字母、数字、汉字、$、-和_。对象是指定新块中要包含的对象，以及创建块以后保留或删除选定的对象。基点是指图块插入时的定位点。

2. 块存盘

可将块、图形的一部分或者整个图形对象存储为图形文件，以供其他图形调用。在命令行输入 WBLOCK 或者 W 命令，打开如图 8-2 所示的对话框。

3. 插入块

可调用已存储的块文件。在命令行输入 INSERT 或者 I，打开如图 8-3 所示的对话框。

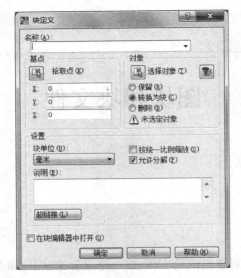

图 8-1 "块定义"对话框

图 8-2 "写块"对话框

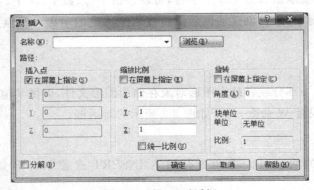

图 8-3 "插入"对话框

8.3 图块构成注意事项

1. 图块层

（1）通用规则：块可由位于不同层上的不同线型和颜色的对象组成。当图中插入块时，块仍将保持其原始特性。

（2）当在图中插入创建于 0 层上的图块时，插入图块将放置在当前图层上并具有当前图层设置的颜色和线型特性。

2. 图块尺寸

创建图块时考虑块的尺寸变化，使插入时容易操作。例如，盥洗室、电器符号、设施等符号有标准尺寸，块可用实际尺寸创建和引用；而门、管道、陈列柜等，其尺寸随着每一次应用而变化，考虑引用的方便，可用一个单位表示块的长和宽，具体尺寸待插入时调整。

3. 嵌套块

（1）嵌套块是指由多个实体或块对象所组成的块。例如，可以将厨房作为插入到每一个房间的图块，而在厨房块中，又包含水池、冰箱、炉具等其他图块。

（2）块的嵌套深度没有限制。

（3）块定义不能嵌套自身，即不能使用嵌套块的名称作为将要定义的新块名称。

4. 编辑图块

双击图块，出现如图 8-4 所示的对话框，单击"确定"按钮，然后直接修改，修改后单击"将修改保存到参照"按钮。

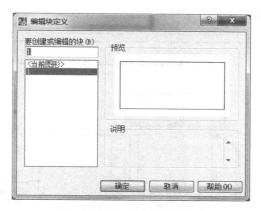

图 8-4 "编辑块定义"对话框

8.4 家具布置图的绘制步骤

当做好的平面图需要布置家具时，应参照如下步骤。

（1）在平面图中创建区域，用墙体间隔出每个空间的区域，间隔的墙体一般为120/100mm。

（2）设置门：根据房间的大小和位置，调整门的位置和大小。

（3）创建家具图层，选中调入的模块，改变模块的图层为家具图层，图层颜色改为随层。

（4）打开已有的家具图库，找到合适的家具模块。选择合适的家具模块，按 Ctrl＋C 组合键进行复制。回到当前绘制文件中，按 Ctrl＋V 组合键进行粘贴。

如果想对当前图块进行修改、创建以及插入，需要调入一个现成的图块，将其分解（X）再更改图层，然后重新组合成图块。创建块名称，指定基点（在图块的内部或是主要的端点），选择对象，确定单位为毫米；如果要插入现有的图块，选择需要插入的图块名称，在屏幕上指定位置即可。

（5）空间的布局（功能家具）为从左向右，从上而下，先主后次。在布置过程中要考虑采光、私密性和交通。进行空间划分时，可以先用单线确定空间的大小和位置，然后细化墙体和隔断，再放入家具。

注意：放置位置应不影响人的通行，不与其他家具碰撞，充分利用空间。

（6）家具的大小可以在查询完尺寸后，在合理的范围内进行缩放，调整方向并放到合适的位置上。

（7）放入植物装饰品。

（8）房间文字的添加：大小为图名的一半，不与其他家具、墙体交叉。

（9）家具图层可以有两个：一是外轮廓，主要表现结构外形；二是内装饰，表现细节的处理，例如植物、装饰品、玻璃、填充等。

8.5 家具布置图绘制实例

将图 8-5 所示的平面图布置为家具布置图。

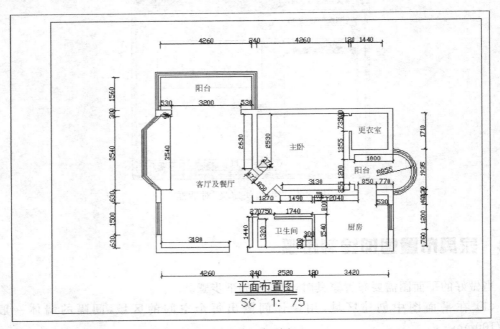

图 8-5 平面图

（1）整理图纸，将所有内部尺寸删除，添加平开门或者推拉门，如图 8-6 所示。

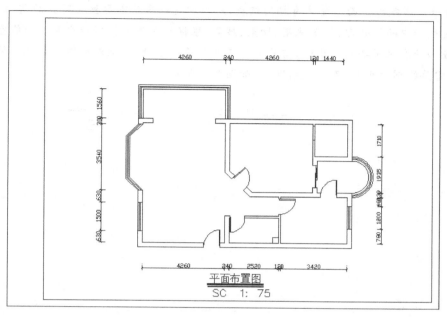

图 8-6　门的布置

（2）调入家具图块，注意图块大小和放置的空间大小，不能犯坐不开、通不过等常识性错误。最后的效果如图 8-7 所示。

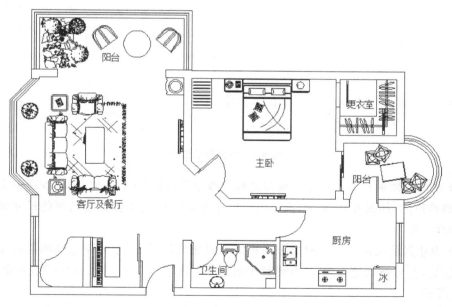

图 8-7　家具布置图

注意：在导入家具图块的过程中，除了尺寸要求之外，还需要根据情况适当添加家具，例如，入户门旁边的隔断或者阳台的推拉门。必须添加的家具是厨房里的橱柜，这是因为洗菜盆和燃气灶不能直接放在地上,所以需要绘制距离墙体600mm的直线作为橱柜,如图8-8所示。燃气灶上面多安装有抽油烟机,所以燃气灶尽量不要放在窗户的前面,同时要注意现实生活中的操作习惯,如洗菜、切菜、炒菜,根据此顺序安排橱柜台面的功能空间。导入燃气灶和带有水龙头的图块时,需要看清楚开关的位置,防止里外颠倒。电视如果放置在台面上,需要绘制电视柜,否则挂墙即可,如图8-9所示。

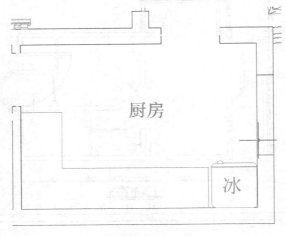

图8-8 橱柜的绘制

图8-9 电视柜的绘制

(3)功能区间的绘制。很多时候需要对某些空间进行分隔,例如,阳台和卧室之间需要创建玻璃推拉门,如图8-10所示,推拉门的尺寸为40×600,需要根据门洞的尺寸调整门的宽度,厚度一般为40mm。

(4)卫生间的绘制。卫生间的布局相对来说比较局促,一定要注意马桶前面预留坐下后腿的位置,在可能的范围内,尽量做到干湿分离。洗手台一般靠近门口位置,方便洗手,如图8-11所示。

(5)衣柜的绘制。柜子的表示有两种:交叉线表示柜子到顶;只有一条对角线表示柜子不到顶,如图8-12所示。

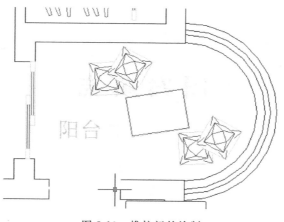

图 8-10 推拉门的绘制

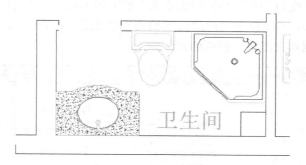

图 8-11 卫生间的绘制

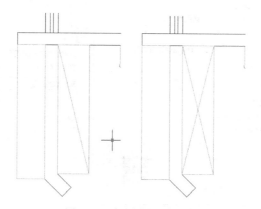

图 8-12 柜子的两种画法

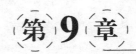

第 9 章

图 案 填 充

9.1 基本概念

1. 调用命令

"图案填充和渐变色"对话框的"图案填充"选项卡用来设置填充图案类型、填充图案和其他参数。使用 HATCH 命令，打开"图案填充和渐变色"对话框，如图 9-1 所示。进行图案填充、设置和绘制填充图案与颜色的方法如下。

图 9-1　"图案填充和渐变色"对话框

（1）下拉菜单：执行"绘图"→"图案填充"命令。

（2）工具栏：单击"绘图"→"图案填充"图标。

（3）命令行：H。

2. 展开和折叠对话框

单击"图案填充和渐变色"对话框右下角的右向箭头,展开"孤岛"区后的对话框如图 9-2 所示。单击右下角的左向箭头则返回原来的折叠状态。

图 9-2 展开"孤岛"区

3. "孤岛"区

填充的时候有很多情况下填充区域内有交替区间(即孤岛)。可以设置交替区间的填充方式,如图 9-3 所示。

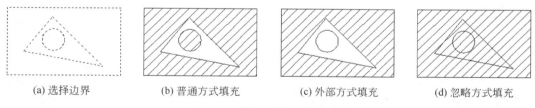

(a) 选择边界　　　　(b) 普通方式填充　　　　(c) 外部方式填充　　　　(d) 忽略方式填充

图 9-3 "孤岛"区填充方式

1)"普通"单选按钮

设置普通方式(也是默认方式)。从最外边的区域开始向内部填充,在交替的区间填充图案。

2)"外部"单选按钮

设置外部方式,从最外边的区域开始向内部填充,遇到第一个内部边界即停止填充,仅对最外层区域填充。

3）"忽略"单选按钮

设置忽略方式，忽略所有内部边界，对最外层边界所围成的全部区域进行填充。

4."边界"区

用户选择填充图案、设置参数后需指定图案填充边界。AutoCAD要求图案填充边界呈封闭状态。图案填充边界可以是一个首尾相连的直线、圆或圆弧围成的封闭区域，也可以是由任意的直线、圆和圆弧围成的一个封闭区域，如图9-4所示。

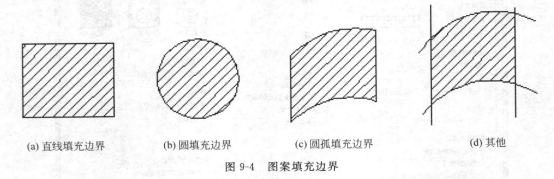

(a) 直线填充边界	(b) 圆填充边界	(c) 圆弧填充边界	(d) 其他

图9-4　图案填充边界

在进行区域选择时，可以采用"拾取点"方式和"选择对象"方式。"拾取点"方式是指在选择填充区域时，只需要在该区域中单击一下即可确定选择区域。这种方式非常方便，但是如果边界有文字或者非常复杂的线条时，系统的计算时间会很长。"选择对象"方式可以直接通过选择边界对象来确定区域。

5."选项"区

该区域内经常设置图案是否关联。若选择"关联"复选框，则边界与填充的图案相关联，当用"移动"或"拉伸"等命令修改边界时，填充的图案也随着变化；无关联性的图案无此特性。其效果如图9-5所示。

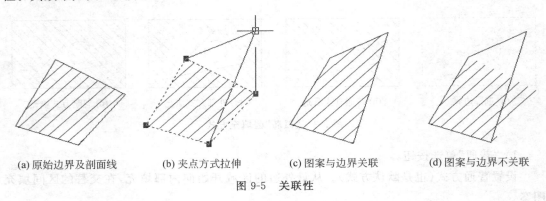

(a) 原始边界及剖面线	(b) 夹点方式拉伸	(c) 图案与边界关联	(d) 图案与边界不关联

图9-5　关联性

6."继承特性"区

继承特性要求用户选择一个已存在的关联填充图案，并将其图案类型和属性设置为当前的图案和属性。此选项主要用于绘制复杂的装配图，以保持同一零件的不同填充区域使用相同的填充图案及属性。

7. "预览"按钮

在设置好所有的参数之后,可以单击"预览"按钮观看效果,如果效果不理想可以返回当前对话框重新设置参数,直到确定效果为止。

8. "渐变色"选项卡

"渐变色"选项卡用于创建渐变填充图案,如图 9-6 所示。渐变填充图案在一种颜色的不同灰度之间或两种颜色之间使用过渡。

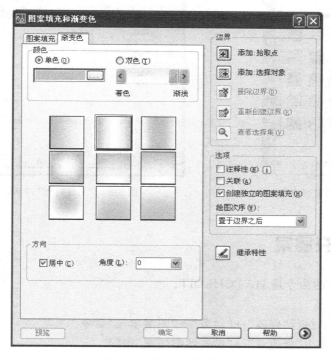

图 9-6 "渐变色"选项卡

9.2 工具特性使用

从工具选项板中拖动填充图案到图形中可以完成图案的填充。

(1)执行"工具"→"选项板"→"工具选项板"命令,打开"注释和设计"工具选项板,并选择"图案填充"选项卡,如图 9-7 所示。

(2)在工具选项板中选择一种要填充的图案类型并右击,弹出快捷菜单。

(3)执行"特性"命令,将打开"工具特性"对话框,如图 9-8 所示。在此对话框中对填充图案比例、角度、间距、图层、颜色和线型进行设定后,单击"确定"按钮。

(4)直接将表示图案的图标拖动到图形区域中已有的封闭区域中,即可完成图案的填充。

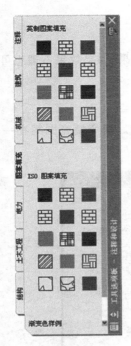

图 9-7 "图案填充"选项卡

图 9-8 "工具特性"对话框

9.3 编辑填充图案

编辑填充图案的命令是 HATCHEDIT。

绘制方法如下。

(1) 下拉菜单：执行"修改"→"对象"→"图案填充"命令。

(2) 工具栏：单击"修改Ⅱ"→"编辑图案填充"图标。

(3) 命令行：HATCHEDIT。

执行 HATCHEDIT 命令后，AutoCAD 将打开与 HATCH 命令相同的"填充图案和渐变色"对话框，各选项的含义和操作方法也都相同。

9.4 地面材料图（地坪图）绘制实例

地面材料图是在平面图上绘制出每个区域的地面材料，常见的地面材料有地板、地砖、地毯、大理石、花岗岩、地面卷材等。

1. 准备带门窗的平面布置图

绘制之前需要准备一张带有门窗但没有家具的平面图，如图 9-9 所示。

2. 绘制门槛石区域

在装饰图层中标识门槛石（过桥石）区域，如图 9-10 所示。门槛石位于两个空间的交界处，大多与门的宽度相同，在家装里多用在入户门、阳台门（与阳台相接的空间地面使用地板

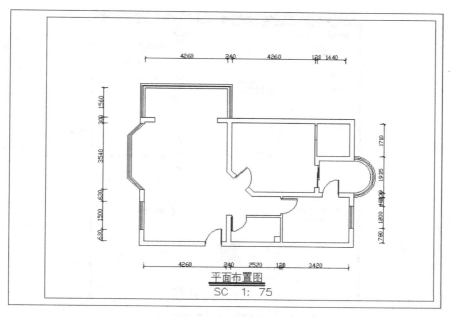

图 9-9　没有家具的平面图

或地毯时，阳台使用地砖）、干湿交界的地方（卫生间、厨房）。

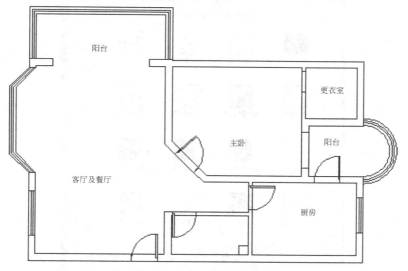

图 9-10　绘制门槛石区域

3. 填充门槛石

输入 H，打开如图 9-11 所示的"图案填充和渐变色"对话框。单击"样例"区域，打开如图 9-12 所示的"填充图案选项板"对话框，选择 AR-CONC 后单击"确定"按钮，返回"图案填充和渐变色"对话框，设置角度为 0°，设置比例为 0.5，如图 9-13 所示。

单击右侧边界栏中的"添加：拾取点"旁边的按钮，进入到 AutoCAD 绘制界面，单击要

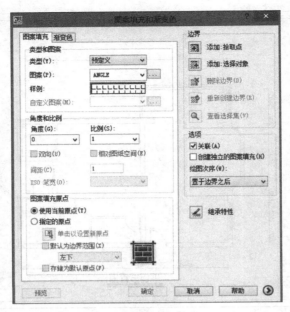

图 9-11 "图案填充和渐变色"对话框

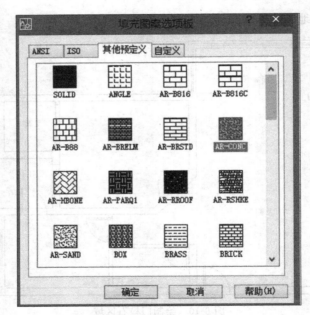

图 9-12 "填充图案选项板"对话框

填充的门槛石区域,该区域会以虚线显示,如图 9-14 所示。按空格键,确定选区,返回"图案填充和渐变色"对话框,单击"预览"按钮,观察填充效果,如图 9-15 所示。按空格键,返回到"图案填充和渐变色"对话框,单击"确定"按钮,确定填充。

按照相同的方法,填充其他门槛石区域。可以同时选择多个区域,一次性完成填充。最终效果如图 9-16 所示。填充图案时,需要确定使用填充图案(角度、比例、间距)以及选择填

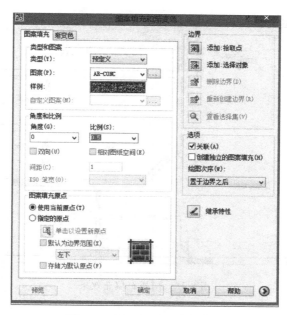

图 9-13　设置好的门槛石参数

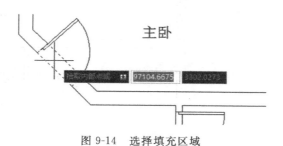

图 9-14　选择填充区域

图 9-15　填充效果

充范围(点取范围、选择范围)。点取范围时,要将需要填充的区域完全显示在窗口中才有效。

4. 材料标识

把每个房间地面使用的材料标识在相应的房间中,字体大小和房间标注大小相同,如图 9-17 所示。

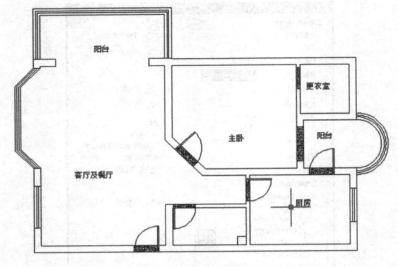

图 9-16　门槛石填充效果

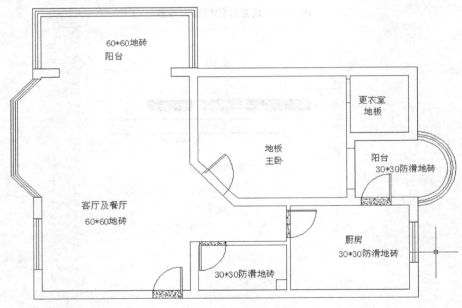

图 9-17　材料标识图

5. 填充地砖

在"图案填充和渐变色"对话框中设置地砖填充参数,如图 9-18 所示,图案可选择"类型"下拉列表框中的"用户定义"选项,角度为 0°或者 45°均可,间距为地砖大小(800、600、300),选择"双向"复选框。预览效果如图 9-19 所示,满意后可返回,单击"确定"按钮。

6. 填充地板

在"图案填充和渐变色"对话框中设置地板参数,如图 9-20 所示,图案可选择"类型"下

图 9-18 地砖填充参数

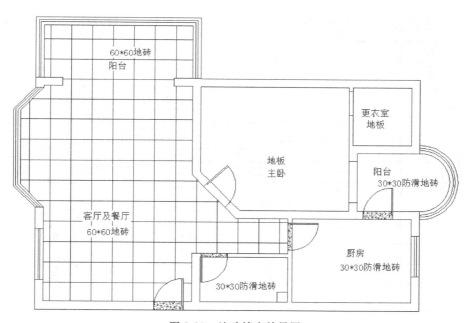

图 9-19 地砖填充效果图

拉列表框中的"预定义"选项,打开"填充图案选项板"对话框,选择 DONMIL,单击"确定"按钮,返回"图案填充和渐变色"对话框,设置比例为 20(图案间距为 90～150),这个比例需要根据最后的预览效果来调整,保证填充的线宽符合真实的地板宽度。预览效果如图 9-21 所示,满意后可返回,单击"确定"按钮。

在地板的填充过程中,会出现两种可能:一种可能是如图 9-21 所示的填充方向;另一

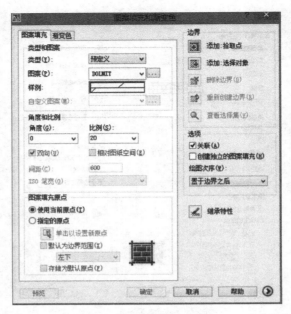

图 9-20　地板填充参数

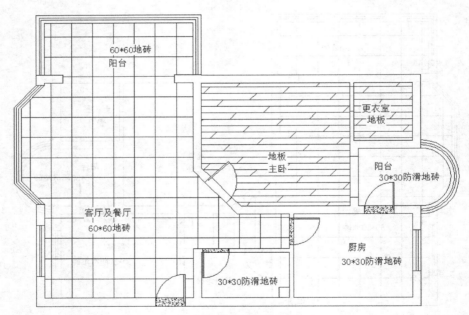

图 9-21　地板填充效果 1

种可能是如图 9-22 所示的填充方向。需要根据房间光线的方向来决定地板的铺设方向,也就是说顺着光线方向铺设,否则光线会把地板缝隙的阴影加重。本例中,图 9-21 所示的铺设方向是可取的。

7. 填充防滑地砖

在"图案填充和渐变色"对话框中设置防滑地砖参数,如图 9-23 所示,图案可选择"类

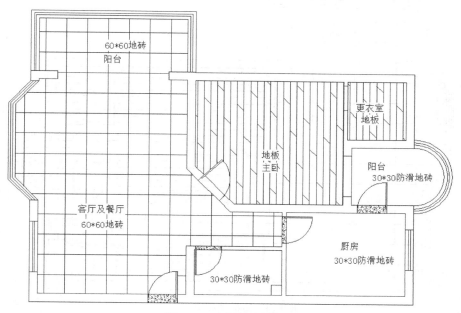

图 9-22　地板填充效果 2

型"下拉列表框中的"预定义"选项,打开"填充图案选项板"对话框,选择 ANGLE,单击"确定"按钮,返回"图案填充和渐变色"对话框,设置比例为 40(图案间距在 300 左右),这个比例需要根据最后的预览效果来调整,保证填充的线宽符合真实的防滑地砖的宽度。预览效果如图 9-24 所示,满意后可返回,单击"确定"按钮。

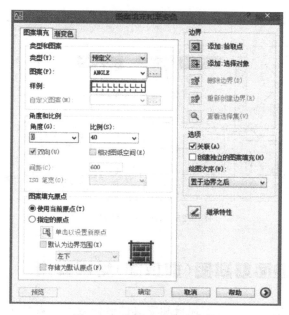

图 9-23　防滑地砖填充参数

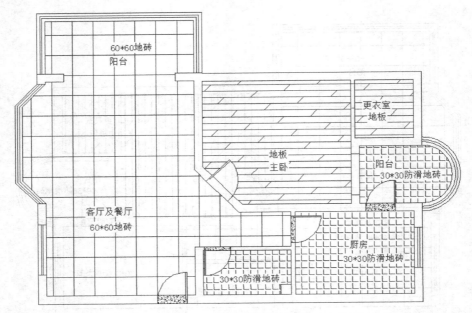

图 9-24   防滑地砖填充效果

在进行地面材料填充时,在"图案填充和渐变色"对话框中有一项是图案填充原点的设置,这个设置用于设置第一块地砖(地板)的填充位置,一般家装的地砖(地板)中第一块地砖(地板)都是在门的后面,这样入门时的地砖(地板)是完整的,比较美观。可以在图案填充原点设置的位置选择"指定的原点"单选按钮,单击以设置新原点,然后在平面图上选择门后的角落,如图 9-25 所示。

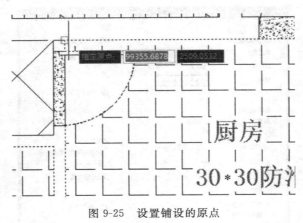

图 9-25   设置铺设的原点

9.5   带家具的地面材料图(地坪图)绘制实例

很多情况下,客户需要同时看到地板和家具的装修效果或者是房地产公司的宣传图,此时一张带家具的地坪图就很有必要了。

1. 准备一张带家具的平面图（见图9-26）

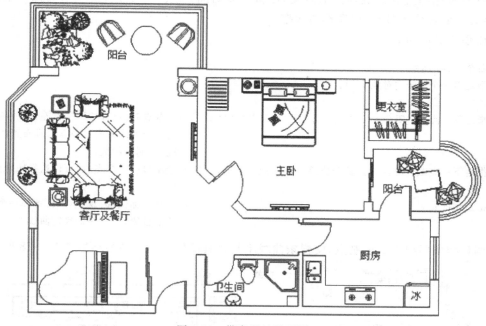

图9-26 带家具的平面图

2. 绘制样条曲线

在需要填充材料的区域内绘制样条曲线，如图9-27所示。绘制样条曲线的目的是给填

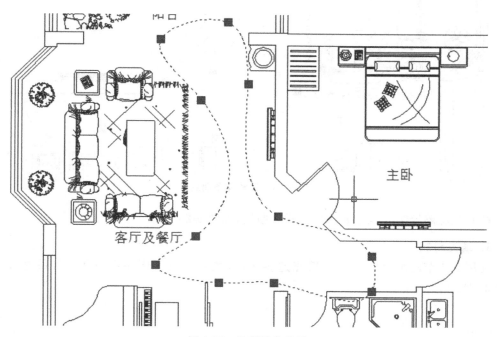

图9-27 绘制样条曲线

充材料的区域一个明确的边界,因为家具会占有很多零碎的小边界,例如沙发地毯处,这样会对填充时选择边界造成很大的难度,浪费很多时间,而把填充材料区域限定在样条曲线里,会大大缩短分析时间,提高作图效率。

命令行提示如下。

```
命令: SPLINE
指定第一个点或 [对象(O)]:
指定下一点:
指定下一点或 [闭合(C)/拟合公差(F)] <起点切向>:        //绘制点时,可以按下鼠标左键,并拖动给
                                                //定一个切线方向。根据家具布置的情
                                                //况,绘制点的数目

指定下一点或 [闭合(C)/拟合公差(F)] <起点切向>:C      //绘制最后一个点时,可以选择闭合曲线
                                                //输入C

指定切向:                                        //调整鼠标位置,观察切向,选择一个最合
                                                //适的位置,按空格键确定曲线
```

调整样条曲线上的控制点,使样条曲线不与家具墙体相交。调整结果如图9-28所示。

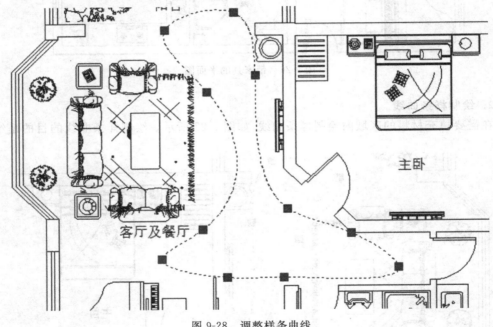

图9-28　调整样条曲线

按照此思路绘制其他主要区域的样条曲线,如图9-29所示。

3. 填充材料

利用9.4节的填充图案方法填充这些区域,填充结束后删除样条曲线。最终效果如图9-30所示。

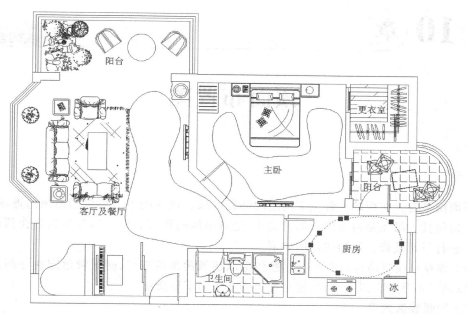

图 9-29 完成的样条曲线

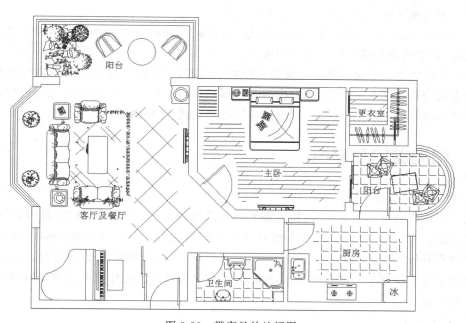

图 9-30 带家具的地坪图

第 10 章

顶面布置图

顶面图是对天花板的一种从下向上的仰视效果。顶面图中主要包括吊顶的形状、大小和照明的位置。吊顶是对室内顶部的美化,是对房屋的顶部装修。局部吊顶是在顶部的局部位置进行吊顶装修。吊顶的作用如下。

(1)弥补原建筑结构的不足。有些住宅原建筑房顶的横梁、暖气管道露在外面很不美观,可以通过吊顶掩盖以上不足,使顶面整齐有序而不显杂乱。

(2)增强装饰效果。

(3)丰富室内光源层次,达到良好的照明效果。吊顶可以预留灯具安装部位,能产生点光、线光、面光相互辉映的光照效果,使室内增色。

(4)隔热保温。通过吊顶加一个隔温层,可以起到隔热降温的作用。冬天它又成了一个保温层,使室内的热量不易通过屋顶流失。

(5)分隔空间。吊顶是分隔空间的手段之一。通过吊顶,可以使原来层高相同的两个相连的空间变得高低不一,从而划分出两个不同的区域。例如客厅与餐厅,通过吊顶分隔,既可以使两部分分工明确,又使下部空间保持连贯通透,一举两得。

10.1 常见的吊顶材料

1. 轻钢龙骨和石膏板天花

石膏板以熟石膏为主要原料,掺入添加剂与纤维制成,具有质轻、绝热、吸声、不燃和可锯性等性能。石膏板与轻钢龙骨(由镀锌薄钢压制而成)相结合,便构成轻钢龙骨石膏板。轻钢龙骨石膏板天花具有多种种类,包括纸面石膏板、装饰石膏板、纤维石膏板、空心石膏板条。市面上有多种规格。以目前来看,使用轻钢龙骨石膏板天花作隔断墙的比较多,用作造型天花的比较少。

2. 方块天花

方块天花多用于商业空间,普遍使用 600×600 的规格,有明骨和暗骨之分。龙骨常用铝或铁。主板材可分为石膏板、硅钙板和矿棉板三类。

(1)硅钙板的全称是纤维增强硅酸钙板,它是由硅质材料(硅藻土、膨润土、石英粉等)、钙质材料、增强纤维等作为主要原料,经过制浆、成坯、蒸养、表面砂光等工序而制成的轻质板材。硅钙板具有质轻、强度高、防潮、防腐蚀、防火等功能,而且它再加工方便,不像石膏板那样再加工容易产生粉状碎裂。

（2）矿渣经过高温、高压、高速旋转、去除杂质、洗涤成为矿棉，矿棉板主要由矿棉、黏结剂、纸浆、珍珠岩组成。矿棉板具有与硅钙板类似的特征，但吸音性能要比石膏板和硅钙板好。

3. 夹板天花

夹板（也称为胶合板）是将原木经蒸煮软化后，沿年轮切成大张薄片，通过干燥、整理、涂胶、组坯、热压、锯边而成。夹板具有材质轻、强度高、弹性和韧性良好、耐冲击和振动夹板等特性。夹板具有易加工和涂饰、绝缘等优点。做天花一般用 5 厘（1 厘即为 1mm）夹板。3厘夹板太薄容易起拱，9 厘夹板太厚。夹板能轻易地创造出各种各样的造型天花，包括弯曲的、圆的。为避免夹板天花过一段时间后掉漆，在装修时一定要先刷清漆（光油），干了之后再做后续工序。

4. 烤漆铝扣板天花

铝扣板异形材主要分为条形、方形、栅格 3 种。条形烤漆铝扣板天花是一种长条形的铝扣板，一般适用于过道等地方，在设计上有助于减弱通道太长的感觉。家庭装修大多已不再使用此种材料，主要是因其不耐脏且容易变形。

方形铝扣板分为 300mm×300mm、600mm×600mm 两种规格。前者适用于厨房、厕所等容易脏污的地方，而后者往往适用于办公室等商用场所。栅格铝扣板适用于商业空间、阳台及过道的装饰，规格为 100mm×100mm。方形铝扣板又分为微孔和无孔两种。微孔式铝扣板可通潮气，使洗手间等高潮湿地区的湿气通过孔隙进入顶部，避免了在板面形成水珠痕迹。

选购铝扣板，最主要的是查看其铝质厚度。一般 300mm×300mm 的铝扣板厚度需要0.6mm 的，而 600mm×600mm 的铝扣板需要 0.8mm 的，有一些不良商家喜欢通过加厚烤漆层从而增加整体厚度来欺骗消费者，选购时应注意防范。选购铝扣板，还要防止有人用不锈钢假冒，要验证其是真铝材，还是假铝材或者是不锈钢，可以使用磁铁来验证，真铝材不吸磁，而次质铝材或假铝材能吸磁。对于不锈钢，可以用重量来排除，铝扣板重量轻，而不锈钢通常较重。但这种方法并不是一种万全之策，因为不法商家同样可以通过消磁的方法假冒这种特征。

5. 彩绘玻璃天花

彩绘玻璃是以颜料直接绘于玻璃上，并烧烤完成，再利用灯光折射出彩色的美感。其具有多种图案，可作内部照明，但这种材料只用于局部装饰。

天花板的装修，除选材外，主要涉及造型和尺寸比例的问题。前者应按照具体情况具体处理，而后者则须以人体工程学、美学为依据进行计算。从高度上来说，家庭装修的内净空高度不应少于 2.5m，否则，尽量不做造型天花，而选用石膏线条框装饰。装修若用轻钢龙骨石膏板天花或夹板天花，在其面涂漆时，应先用石膏粉封好接缝，然后用封缝带纸封密后再打底层、涂漆。天花板施工时，无论是何种材料，都应记住一点：密封好，以防止老鼠和蟑螂在其内作窝。

10.2 吊顶图的绘制实例

吊顶的绘制需要考虑的因素较多，吊顶因为造型多样，层高、灯具造型都需要仔细斟酌。下面以一个餐厅吊顶为例绘制吊顶图，如图 10-1 所示。

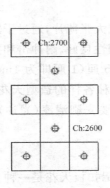

图 10-1　餐厅吊顶图

绘制吊顶图时应该尽量复原吊顶的布局，一般步骤如下。

（1）复制框架图、尺寸标注、图名，改图名为"顶面布置图"。

（2）新建吊顶图层，闭合门洞，在装饰图层使用"多线"命令 ml，如图 10-2 所示。

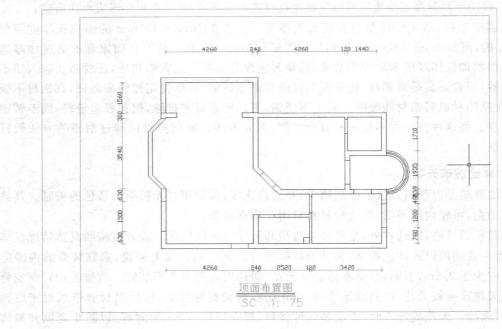

图 10-2　闭合门洞

（3）将已知吊顶的材料标识在相应空间内，并填充合适的材料图案，如图 10-3 所示。

（4）绘制每个空间的顶面造型并标注房高。

（5）绘制灯具，筒灯的间距为 1200～1500mm，最短不少于 1000mm，筒灯的半径是 40mm，可以将用到的灯具图名一一列出。布置好的吊顶如图 10-4 所示。

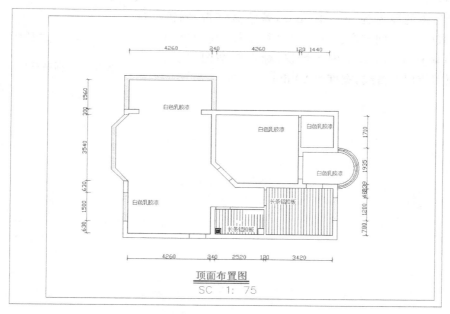

图 10-3　吊顶材料

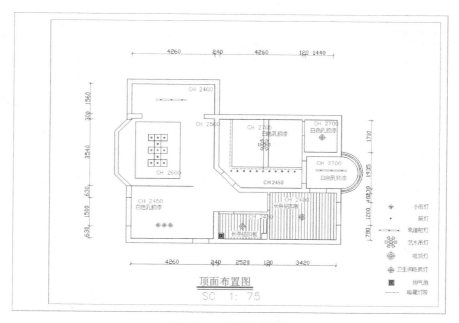

图 10-4　顶面布置图

房高可以用三角标记（标高符号）表示，如图 10-5 所示；也可以用"Ch：房高"表示，如"Ch：2650"。

一般吊顶的厚度为 50～100mm，若暗藏灯带，则需要 100～150mm 空间高度。灯带的偏移方向：应向层的高低方向偏移 100mm，用虚线标识，标在装饰图层上。墙与吊顶间使用石膏线，宽度为 80mm。

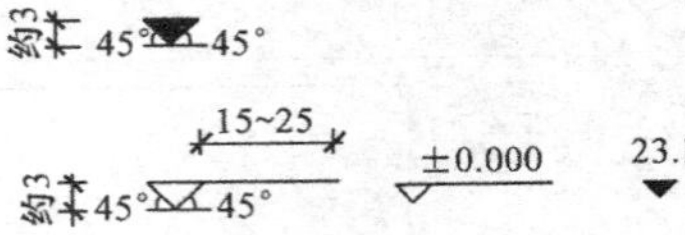

图 10-5　标高符号图

立　面　图

　　室内施工图中的立面图是以人的视角观察墙面的成像,以入口为正立面,制图时通常用字母表示。

11.1　立面图的绘制步骤

　　立面图的绘制步骤大体分为以下 6 步。

　　(1)绘制立面引注符号或者立面引注图,如图 11-1 所示。

图 11-1　立面引注图

　　(2)截取所绘立面相对应的平面(结合折断符号),画出立面,并结合顶面标高,画出立面的高度,画前可先复制出一面墙体。

　　(3)细化结构,分隔墙面造型,放入主体家具及装饰品。

　　(4)配套图框:图框比例有 1∶50、1∶40、1∶30、1∶20。每张立面图中的立面不要超过 3 张,更换相应的图名及比例。

　　(5)尺寸标注:创建相应的标注比例,在图中标注主要尺寸(房间高度和主要结构的尺寸)。

　　(6)主要结构及材料的文字注释,可以使用快速引注注释。多行文字大小是图名的一半。

11.2 立面图的绘制实例

绘制如图11-2所示的卧室A立面图。A、B、C、D的立面引注符号需要绘制在平面布置图中,这样可以方便地看出立面的准确位置。卧室A立面图就是卧室的床头所在的墙面。

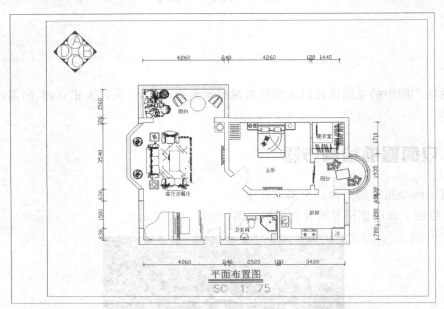

图 11-2 带立面引注符号的平面图

(1)结合顶面标高图11-3,得出立面的高度为2700mm,截取所绘立面相对应的平面(结合折断符号),画出立面为4260mm×2700mm,如图11-4所示。画前可先复制出一面墙体,在墙体上进行修改可加快绘图速度。

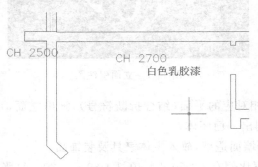

图 11-3 顶面标高图

(2)按照平面图,细化结构,分隔墙面造型,绘制踢脚线,放入床、床头柜、柜子及装饰品。常规的结构尺寸中,踢脚线高为100mm,挂画高度为1200～1500mm,腰线高度为900～1000mm,自身宽度为90mm,效果如图11-5所示。

(3)创建相应的标注比例样式,本图使用的是A4纸张,比例定为1:30,在图中标注房间高度和主要结构的尺寸,并填写图名,最终效果如图11-6所示。

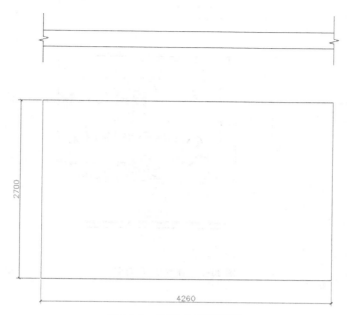

图 11-4 卧室 A 墙面图示

图 11-5 墙面布置图

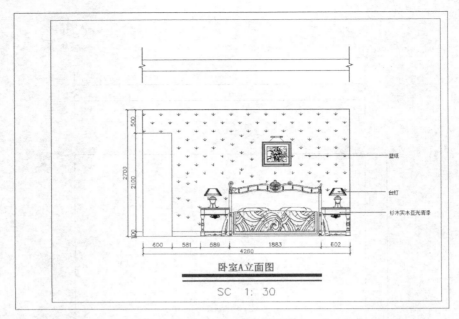

图 11-6　卧室 A 立面图

参 考 文 献

[1] 王芳,李井永. AutoCAD 2010 建筑制图实例教程[M]. 北京:清华大学出版社,2010.

[2] 高志清. AutoCAD 建筑设计培训教程[M]. 北京:中国水利水电出版社,2004.

[3] 高志清. AutoCAD 建筑设计上机训练[M]. 北京:人民邮电出版社,2003.